高等教育教学研究丛书

元宇宙与大运河文化公园
数字化平台建设研究

郑亚鹏　著

河南大学出版社
HENAN UNIVERSITY PRESS

·郑州·

图书在版编目（CIP）数据

元宇宙与大运河文化公园数字化平台建设研究／郑亚鹏著. -- 郑州：河南大学出版社，2024. 7. -- ISBN 978-7-5649-5996-8

Ⅰ. S759.992-39

中国国家版本馆 CIP 数据核字第 2024XY3210 号

责任编辑　林方丽
责任校对　郑华峰
封面设计　张田田

出版发行　河南大学出版社
　　　　　地址：郑州市郑东新区商务外环中华大厦 2401 号　邮编：450046
　　　　　电话：0371-86059715（高等教育与职业教育分公司）
　　　　　　　　0371-86059701（营销部）
　　　　　网址：hupress.henu.edu.cn
印　　刷　郑州尚品数码快印有限公司
版　　次　2024 年 7 月第 1 版　　印　　次　2024 年 7 月第 1 次印刷
开　　本　710 mm×1010 mm　1/16　　印　　张　6.75
字　　数　106 千字　　定　　价　45.00 元

本书如有印装质量问题，请与本社联系调换。

前　言

　　随着科技的快速发展，元宇宙这一概念逐渐进入人们的视野，成为数字化时代的重要代表。元宇宙是一个虚拟的、数字化的世界，通过结合先进的虚拟现实、人工智能、大数据等技术，为人们提供了全新的、沉浸式的体验。

　　大运河文化公园作为中国的重要文化遗产，具有深厚的历史文化底蕴和独特的文化价值。然而，传统的保护和传承方式往往存在着局限性，无法充分展现大运河文化的魅力和价值。因此，将元宇宙技术应用于大运河文化公园的数字化建设中，不仅可以提升公园的数字化水平，还可以为游客提供更加丰富、沉浸式的文化体验，进一步推动大运河文化的传承和发展。

　　首先，本书从元宇宙概述入手，详细介绍了元宇宙的概念、技术基础和应用场景。其次是对大运河文化公园的概述，包括大运河的历史与文化价值、大运河文化公园的建设与规划、大运河文化公园的地理环境与生态景观。然后阐述了大运河文化公园数字化建设的规划与设计，最后对元宇宙在大运河文化公园数字化建设中的应用进行了研究。希望本书能够为读者在元宇宙与大运河文化公园数字化平台建设研究方面提供参考与借鉴。

　　本书主要汇集了笔者在工作、实践中取得的一些研究成果。在撰写过程中，笔者参阅了相关文献资料。在此，谨向这些文献资料的作者深表感谢。

　　由于笔者水平有限，加之时间仓促，书中难免存在一些不足之处，敬请广大读者批评指正。

郑亚鹏

2024 年 5 月

目　录

第一章　元宇宙

第一节　元宇宙概述

一、元宇宙的起源与发展

(一)虚拟现实技术的诞生与发展

虚拟现实技术作为元宇宙实现的基础,其起源可以追溯到 20 世纪 60 年代。当时,科技界开始集中研究如何将人类与计算机界面紧密结合,创造出一种可以提供身临其境体验的技术。随着计算机计算能力的提升和显示技术的进步,虚拟现实技术迈入了实际应用的阶段。

在虚拟现实技术的发展过程中,具有代表性的里程碑事件之一是头戴式显示器的发明。头戴式显示器将计算机图形实时传输到佩戴者眼前,使用户可以享受到高度沉浸式、交互式的体验。此外,随着图形处理技术的突破和传感器技术的快速发展,虚拟现实技术在逼真度和交互性上取得了重大进展。

虚拟现实技术的发展得益于计算机模拟技术的进步。计算机模拟技术可以模拟真实世界中的物理特性、空间布局和运动规律,使虚拟现实的环境更加逼真。同时,虚拟现实技术借助 3D(三维)建模和渲染技术,可以将虚拟世界中的物体、场景和人物呈现得栩栩如生。

虚拟现实技术的诞生和发展为元宇宙的实现提供了基础和前提。元宇宙是一种以虚拟现实技术为支撑,借助计算机网络将多个虚拟世界连接在一起的综合性虚拟环境。虚拟现实技术的进一步发展和完善为元宇宙的实现提供了更多的可能性。

在元宇宙的构建过程中,虚拟现实技术的应用将起到关键的作用。它可以使用户在虚拟世界中与其他用户进行实时互动,创造出真实且有意义的社交体验。同时,虚拟现实技术可以模拟真实世界的物理交互,使用户在虚拟环境中进行各种操作和实验。

(二)元宇宙的历史发展

元宇宙的历史是一个与人类科技进步和社会需求发展紧密相关的过程。随着虚拟现实技术的诞生与发展,人们对创造一个超越现实的虚拟世界的渴望也日益强烈。而元宇宙的应运而生,使实现这一愿景成为可能。在元宇宙的历史发展过程中,人们可以明显地观察到几个重要的节点。

早期,虚拟现实技术的诞生为元宇宙的构建奠定了基础。通过建立虚拟世界中的3D模型、模拟视觉与听觉,虚拟现实技术为人们提供了一次近乎真实的沉浸式体验,从而激发了人们对元宇宙构想的探索。

随着时间的推移,虚拟现实技术逐渐发展并融入了更多的应用领域。例如,在娱乐游戏、教育培训、医疗卫生和建筑设计等领域,虚拟现实技术的应用正日益广泛。这些应用领域的发展不仅为元宇宙提供了更多的可能性,还推动了元宇宙的进一步发展。然而元宇宙的历史发展并非一帆风顺,在过去的几十年里,虚拟现实技术虽然取得了显著的进展,但仍面临着诸多挑战。例如,游戏和应用程序的互通性、用户体验的改进、硬件设备的成本和性能等方面的问题都限制了元宇宙的发展。为了克服这些困难,人们需要不断地进行创新和技术突破。

随着科技的不断进步,元宇宙的发展正日益加速。计算能力的提升、人工智能和物联网的发展及区块链技术的应用等,都为元宇宙的实现提供了强大的支持。未来,元宇宙将成为一个更加真实、多样化和互动性强的虚拟世界,为人们提供丰富的体验和无限的可能性。

二、元宇宙的基本特征

（一）元宇宙的开放性与连续性

1. 开放性

开放性体现在元宇宙为用户提供了一个无边界、有无限可能的环境，用户可以自由进入、探索和互动。元宇宙不再局限于传统的线性结构，它具有多样的入口和出口，用户可以通过不同的方式进入元宇宙，如虚拟现实设备、智能手机、电脑等。同时，元宇宙将现实世界与虚拟世界融合在一起，用户之间可以进行实时的交流和互动，实现信息、资源的共享与传递。

2. 连续性

连续性是指元宇宙的世界是一个持续发展的虚拟环境，用户可以在其中进行创造和发展。元宇宙不是一个静止的世界，它具有时间和空间的概念，随着时间的推移，元宇宙中的环境和内容会发生变化。用户可以在元宇宙中建立虚拟建筑物、设立商店、开展活动等，这些虚拟世界的元素可以根据用户的需求和想象力进行不断的扩展和创新。

（二）元宇宙的交互性

元宇宙的交互性是指在元宇宙中，用户能够与其他用户、虚拟对象或系统进行实时交互和沟通。这种交互性的实现是元宇宙的核心特征之一，也是其吸引用户参与和探索的重要因素。

1. 为用户提供了多维度、多终端的交互方式

用户可以通过虚拟现实头盔、手柄、触控屏等多种设备与元宇宙进行互动。例如，在一个虚拟城市中，用户可以选择使用手势控制器来操控他们的虚拟角色

在街道上行走,也可以用语音控制虚拟角色与其他用户进行对话。这种多样化的交互方式使用户能够更自由地参与到元宇宙的体验中。

2. 具有高度的社交性和协作性

用户可以与其他用户进行互动、交流,协作完成各种任务和活动。例如,在某个虚拟社交平台中,用户可以与朋友聚会,参加虚拟婚礼,甚至可以一起组建一个团队,合作解决游戏中的任务。这种社交互动的实现使得元宇宙成为一个真正的社交网络空间,可以让用户与全球范围内的人们展开交流和合作。

3. 体现在用户与虚拟对象的互动上

用户可以与虚拟角色、虚拟环境中的物体进行实时互动。例如,在一个虚拟现实游戏中,用户可以跳跃、攀爬、开启门窗等,与游戏中的虚拟环境进行具有真实感的互动。通过这种互动,用户能够更深入地沉浸到对元宇宙的体验中,增强参与感和真实感。

4. 体现在用户与系统的互动上

系统在元宇宙的背后起到了支持和驱动的作用。用户可以与系统交互,通过命令、设置、查询等方式与系统进行沟通。例如,用户能够通过语音指令与基于人工智能的虚拟助手进行对话,从而获取信息、执行任务等。通过与系统的互动,用户能够更方便地利用元宇宙提供的各种服务和功能。

(三)元宇宙的真实感

元宇宙的真实感是指人们在元宇宙中的虚拟体验具有高度的真实性和逼真度。在元宇宙中,用户可以通过虚拟现实技术和增强现实技术,身临其境地感受到与现实世界相似甚至超越现实的感觉。

1. 体现在视觉上

通过高分辨率的画面、逼真的光影效果和真实的物理模拟,元宇宙中的虚拟场景能够呈现出与现实世界相媲美的细腻与真实感。用户戴好虚拟现实头戴设备,仿佛置身其中,看到的景象会让他们产生置身于真实环境中的错觉。

2. 体现在听觉上

通过先进的音效技术和空间音频技术,元宇宙能够还原真实世界中的声音,并将其应用于虚拟场景中。这让用户能够聆听到远处传来的声音,感受周围环境的氛围,增加了虚拟体验的真实感。

3. 体现在触觉和运动感上

通过智能手套、力反馈装置等设备,用户可以与虚拟世界中的物体进行互动,在操作过程中产生真实的触感和运动感。例如,用户可以触摸和抓取虚拟物体,并感受到类似于实物的阻力和质感。

4. 与用户的情感体验相关

通过情感计算和生物传感技术,元宇宙能够感知用户的情绪和生理状态,并做出相应的反馈。这使得用户在元宇宙中的虚拟体验更加身临其境,情感上更容易产生共鸣,增强了真实感。

(四)元宇宙的自由度

元宇宙的自由度是指在元宇宙中的个体或用户所能拥有的自由操作和创造的空间。在元宇宙中,个体可以根据自己的意愿和需求来进行各种活动,无论是进行虚拟现实游戏的角色扮演,还是创建自己的虚拟商店或者设计虚拟场景,都能够得到充分的自由。

1. 体现在个体对于自身形象的创造与变化上

在元宇宙中,个体可以根据自己的喜好,设计和定制自己的虚拟形象,包括外貌特征、服饰风格、动作表情等。这种自由使个体可以在虚拟空间中展示自己独特的个性和风格,并与其他用户进行互动和交流。

2.体现在个体对于环境的创造与改变上

在元宇宙中,个体可以根据自己的需要,创造出各种虚拟环境,包括城市景观、室内空间、自然景观等。个体可以自由选择和摆放各种元素,如建筑、植被、水体等,来打造出独特而具有个人风格的虚拟场景。这种自由不仅满足了个体的自我表达需求,还为其他用户提供了多样化的体验和参与的机会。

3.体现在个体对于活动和交互的自由上

在元宇宙中,个体可以根据自己的兴趣和需求,参与各种活动和任务,如参加虚拟现实游戏、进行虚拟商务交易、加入社交圈子等。这种自由使个体能够根据自己的喜好和目标来选择自己感兴趣的活动,而不受限于具体的空间和时间。

4.体现在个体对于创造和发展的自由上

在元宇宙中,个体可以通过创造和开发各种应用和内容,来丰富元宇宙的内涵和体验。个体可以创建自己的虚拟商店,设计和销售独特的虚拟商品,也可以开发虚拟现实游戏和应用程序,为其他用户带来娱乐和价值。这种自由鼓励个体创新和创造,促进了元宇宙的持续发展和演进。

三、元宇宙的实现路径与布局模式

(一)元宇宙的实现技术路径

1.基于虚拟现实(VR)和增强现实(AR)技术

利用 VR 和 AR 技术,能够为用户提供身临其境的虚拟体验,使其感受到与真实世界几乎相同的感觉。通过虚拟现实技术,用户可以在元宇宙中与其他用户进行交互,共同探索和体验各种虚拟场景,实现非凡的互动体验。

2.基于深度学习和人工智能技术

深度学习和人工智能技术的不断发展,为元宇宙的实现提供了强大的技术支持。深度学习和人工智能技术,可以对海量的数据进行高效的处理和分析,为元宇宙中的虚拟场景提供逼真的图像和真实的交互体验。

3.区块链技术

区块链技术以其去中心化、透明、安全等特点,在元宇宙的构建中起到了关键作用。区块链技术可以确保元宇宙中的信息和交易的可信性和安全性。区块链技术还可以为元宇宙中的经济系统提供可持续发展且稳定的支持。

4.其他一些技术路径

物联网、3D 打印技术、大数据分析等都可以为元宇宙的实现提供技术支持。

(二)元宇宙的实现硬件路径

元宇宙的实现硬件路径是指在构建元宇宙的过程中所涉及的硬件设备和基础设施。实现一个完整的元宇宙需要高性能的计算资源、高速的网络传输能力和大规模的存储空间。以下将探讨三种常见的元宇宙实现硬件路径。

1.高性能的计算资源

元宇宙的虚拟环境需要强大的计算能力来支撑实时的图形渲染、物理模拟和人机交互。因此,高性能计算集群是实现元宇宙的一种常见路径。这些计算集群利用并行计算技术,将计算任务分配到多个计算节点上并进行并行处理,以提高计算效率。可配备高性能的显卡和处理器,支持复杂的图形渲染并满足实时计算需求。

2.高速的网络传输能力

元宇宙的用户通常是分布在不同地理位置的。因此,构建一个具有低延迟和高带宽的网络基础设施是不可或缺的。采用高速的网络传输技术,如光纤传输和 5G 通信(第五代移动通信技术),可以保证元宇宙中各个参与者之间的实时互动和信息传输。

3.大规模的存储空间

元宇宙中包含了大量的虚拟对象、场景和用户生成的内容,这些数据需要被存储和管理。因此,采用分布式、高可靠的存储系统是实现元宇宙的另一条硬件路径。通过将数据分布存储在多个节点上,并采用冗余备份机制,能够提高数据的可靠性和可用性。利用云计算的理念和技术,可以为元宇宙提供弹性的存储能力,满足不断增长的数据需求。

(三)布局模式的理论模型

布局模式是指在元宇宙构建中,应合理地安排和组织各种资源、功能和场景,以实现元宇宙的最大化效益和价值。

合理的理论模型能够指导元宇宙的布局模式设计。一个可行的理论模型应该综合考虑多方面因素,包括技术、社会、经济等各个方面的因素,以及元宇宙的目标和需求。这样的理论模型可以理清关键问题,明确布局目标,并提供具体的指导原则和方法。

基于理论模型,可以探索不同的布局模式。布局模式的选择应该根据元宇宙的具体应用场景和需求来确定。例如,在游戏领域,布局模式可能注重于创造丰富多样的虚拟世界,提供良好的用户体验;在教育领域,布局模式可能侧重于搭建交互式学习环境,提供个性化教育资源等。不同领域的布局模式可以有所差异,但都应当符合元宇宙的整体目标和设计原则。

布局模式的设计应该考虑元宇宙的可持续发展和未来扩展的可能性。元宇宙是一种动态的系统,它需要具备灵活性和可扩展性,以适应不断变化的需求和技术发展。因此,在布局模式的设计中,应该考虑到不同阶段的发展需求,预留扩展接口和资源,以便于未来的拓展和升级。

人们需要在实践中验证和优化布局模式。通过实际的应用案例和实践经验,不断改进和调整布局模式,以提高元宇宙的效益和用户满意度。应用案例可以发现潜在问题和机会,而实践经验可以为布局模式的设计提供宝贵的建议和指导。

(四)元宇宙的布局实践与分析

一个成功的元宇宙布局需要考虑到用户体验和需求。在设计元宇宙的布局时,应该将用户置于核心位置,充分理解用户的期望和需求,提供丰富多样的体验和功能。例如,虚拟现实技术的应用可以为用户带来沉浸式的交互体验,增强用户的参与感和探索欲望。

元宇宙的布局需要充分考虑到不同行业和领域的需求。不同行业有不同的特点和要求,因此应该针对具体的行业进行定制化的布局方案。例如,在教育领域,元宇宙可以提供虚拟实验室、远程教育等功能,为学生提供更加丰富的学习资源和交互方式。而在医疗领域,元宇宙可以应用于医学模拟、手术培训等方面,提升医生的技能水平和治疗效果。

在元宇宙的布局实践中,合作和共享是非常重要的。元宇宙的发展离不开各个领域的合作和资源共享。在布局模式的设计中,应该鼓励各行各业的参与和合作,共同推动元宇宙的发展。例如,在游戏产业中,不同游戏开发者可以合作开发跨界游戏,实现不同游戏之间的虚拟交互,并为玩家提供更加丰富的游戏体验。

第二节　元宇宙的技术基础

一、区块链技术概述

(一)区块链技术的基本原理

区块链技术的核心概念是分布式账本,它是一种去中心化的数据库,通过网络中的所有节点共同维护和更新数据,而不需要依赖单一的中心化机构。这使数据的可信性和可靠性得到了极大的提升。在区块链中,数据被分割成一个个区块,并按照时间顺序连接起来形成链。每个区块包含了一些交易记录和与前一个区块的链接,这样就保证了数据的连续性与一致性。

区块链的安全性是由加密算法和共识机制共同保障的。加密算法帮助确保数据在传输和存储过程中的安全性,防止数据被篡改或者伪造。而共识机制是指一组算法和规则,用于在分布式网络中达成共识,并保证数据的准确和一致。常见的共识机制有工作量证明和权益证明等。

区块链技术的去中心化特性也为元宇宙提供了有力支撑。元宇宙作为一个虚拟的全球共享空间,需要一个可信、不需中介的数据交互环境。区块链技术的去中心化特点使元宇宙中的数据存储和交互不再依赖单一机构,而是由各个节点共同参与和验证,这为用户提供了更大的自主权和隐私保护。

(二)区块链技术在元宇宙中的应用实践

区块链技术在虚拟资产交易方面发挥了重要作用。虚拟资产的交易是元宇宙中的一项重要活动,而区块链技术可以确保资产所有权的可追溯性和不可伪造性。将虚拟资产的交易信息记录在区块链上,所有参与方都可以透明地查看交易细节,避免中介机构的干预和风险。

区块链技术在元宇宙的身份验证和管理方面发挥着重要的作用。在元宇宙中,用户的身份是重要的资产,区块链技术可以提供去中心化、安全的身份验证机制。通过将用户的身份信息记录在区块链上,并利用密码学算法保护数据安全,区块链技术能够防止身份盗窃和虚假身份问题的发生。

区块链技术在元宇宙的内容创建和版权保护方面也具有重要作用。元宇宙中的内容创作和发布是非常活跃的,而区块链技术可以提供透明、不可篡改的版权保护机制。通过将内容的版权信息记录在区块链上,可以确保原创作者的权益得到保护,并防止他人的盗版行为。

二、虚拟现实技术

(一)虚拟现实技术的基本原理

虚拟现实技术是一种模拟真实环境并创造虚拟世界的技术,它通过计算机生成的图像、声音和用户感官使用户能够感受到身临其境般的沉浸式体验。虚拟现实技术的基本原理涉及三个关键要素：感知、交互和生成。

虚拟现实技术的感知方面主要包括视觉感知、听觉感知、触觉感知以及其他感官的模拟。通过高分辨率的显示设备、3D 音频技术、触觉反馈装置等,虚拟现实技术能够在视觉、听觉和触觉等方面模拟真实世界的感知体验。

虚拟现实技术的交互方面关注用户与虚拟环境的互动。传感器、追踪设备、手柄等技术使用户可以通过手势、头部动作等方式与虚拟环境进行实时互动。例如,用户可以通过手势来控制虚拟物体的移动、触碰虚拟按钮等。

虚拟现实技术的生成方面是指虚拟环境的创建和渲染。虚拟现实技术使用计算机图形学和计算机视觉技术,通过建模、纹理映射、光照效果等手段来生成逼真的虚拟场景。同时,虚拟现实技术还能够实时渲染,使用户在与虚拟环境互动时能够得到及时的视觉反馈。

虚拟现实技术的基本原理为元宇宙的发展提供了关键支持。在元宇宙中,用户可以通过虚拟现实技术进入一个全新的虚拟世界,与其他用户进行实时互动,并进行各种虚拟体验和活动。虚拟现实技术的感知、交互和生成能力为元宇宙的沉浸式体验提供了坚实的基础。

(二)虚拟现实技术在元宇宙中的应用实践

在教育领域,虚拟现实技术为学生提供了更加生动、直观、丰富的学习方式。例如,通过虚拟现实技术,学生可以在三维虚拟场景中亲身体验历史事件,探索科学实验,甚至参加远程虚拟实验。这种沉浸式的学习方式能够激发学生的学习兴趣,提高学习效果。

在医疗领域,虚拟现实技术的应用也得到了广泛的关注。通过虚拟现实技术,医生可以实时观察和分析人体器官、病变细胞等,进一步提高诊断和手术的准确性和安全性。虚拟现实技术还可以用于训练医疗人员,在模拟场景中进行手术模拟和紧急情况训练,提高他们的技能水平和应对能力。

在旅游和娱乐领域,虚拟现实技术为用户提供了全新的旅游和娱乐体验。戴上虚拟现实头盔,用户仿佛置身于异国他乡、古代文化遗址等地,并且可以进行互动。虚拟现实技术还为用户提供了丰富多样的娱乐活动,如虚拟现实游戏、虚拟现实电影等,进一步拓展了用户的娱乐选择。

在设计与建筑领域,虚拟现实技术也发挥着重要作用。通过虚拟现实技术,设计师和建筑师可以在一个虚拟的环境中进行设计和模拟,更好地呈现和展示设计构想。这不仅提高了设计师与客户之间的沟通效率,还降低了实际建造和修改过程中的成本和风险。

虚拟现实技术在元宇宙中的应用实践广泛且多样。它们在教育、医疗、旅游、娱乐和设计建筑等领域都取得了显著的成果。随着虚拟现实技术的不断发展和创新,其在元宇宙中的应用前景将更加广阔,为用户带来更多新颖、有趣和实用的体验。

三、人工智能技术

(一)人工智能技术的基本原理

人工智能技术是指模拟人类智能的计算机系统,旨在使计算机能够像人一样学习、推理、决策和解决问题。人工智能技术的基本原理包括机器学习、深度学习和专家系统等。

1.机器学习

机器学习是人工智能的核心技术之一,它使计算机系统能够通过分析和理解大量的数据,从中提取出有用的信息和模式。机器学习使计算机可以通过自动学习算法,从数据中发现规律和趋势,从而实现自主的决策和预测。

2. 深度学习

深度学习是机器学习的一种高级形式,它模仿人脑神经网络的结构和功能,通过多层神经元之间的连接,实现对复杂数据的处理和分析。深度学习的优势在于它可以从大量的数据中提取出更加高级和抽象的特征,从而提高人工智能系统的智能和表现能力。

3. 专家系统

专家系统是一种基于知识库的计算机系统,它可以模拟专家的知识和经验,通过推理和解决问题,提供专业的意见和建议。专家系统的核心是知识表示和推理机制,它可以利用领域知识和规则,解决复杂的问题。

(二)人工智能技术在元宇宙中的应用实践

在元宇宙中,人工智能技术被应用于智能导航领域。使用虚拟现实技术和人工智能算法,系统可以为用户提供高度个性化的导航服务。基于用户的行为和偏好,系统可以准确预测用户的需求,并为其提供最佳的导航路线和地点。

人工智能技术被应用于虚拟社交领域。通过分析用户的兴趣、社交圈和个人信息,人工智能技术可以精准匹配用户的好友或潜在合作伙伴,促进社交互动和信息交流。人工智能还可以通过自动翻译、语音识别等功能,消除跨文化交流的障碍,实现全球化的虚拟社交。

人工智能技术在教育领域发挥着重要作用。通过人工智能算法的支持,虚拟教育平台可以根据学生的学习习惯和个体差异,提供个性化的教学内容和学习建议。同时,虚拟教育系统可以通过人工智能技术实现智能评估和反馈,为学生提供准确的学习反馈和指导。

人工智能技术在医疗、娱乐、金融等领域都有广泛的应用。在医疗领域,人工智能可以辅助医生进行疾病诊断和治疗规划,提高医疗效率和准确性。在娱乐领域,人工智能可以为用户提供个性化的游戏体验和娱乐内容推荐。在金融领域,人工智能可以通过算法交易系统进行智能投资和风险管理。

四、其他相关技术

(一)其他相关技术的基本原理

1. 云计算

云计算是通过网络提供计算资源和服务的一种技术模式。在元宇宙中,云计算可以提供高性能的计算能力和存储资源,使元宇宙的运行更加高效和稳定。通过云计算,用户可以随时随地访问元宇宙中的各种应用和服务,实现真正的跨平台和跨设备。

2. 大数据技术

元宇宙中各种应用和系统会产生海量的数据,包括用户行为数据、交互数据、环境数据等。利用大数据技术可以对这些数据进行分析和挖掘,从中获得有价值的信息,为元宇宙的运营和发展提供依据。例如,通过大数据分析可以了解用户的喜好和需求,推荐个性化的内容和服务,提升用户体验。

3. 物联网技术

物联网是指通过各种物理设备和传感器将现实世界中的物体与互联网连接起来的技术。在元宇宙中,物联网技术可以实时感知和收集环境数据,包括温度、湿度、光线等各种参数。这些数据可以为元宇宙中的虚拟世界提供更真实、更精确的物理仿真和互动体验。

(二)其他相关技术在元宇宙中的应用实践

大数据技术在元宇宙的应用实践中起到了重要的作用。元宇宙中涌现出大量的虚拟个体和虚拟环境,这些个体和环境都会产生大量的数据。利用大数据技术,可以对这些数据进行收集、存储、处理和分析,从而为用户提供个性化、精准的服务。例如,在元宇宙的社交平台上,通过分析用户的行为和偏好,可以向其推荐相关的社交圈子、虚拟活动等,提高用户的参与度和满意度。

物联网技术在元宇宙的应用实践中发挥着重要的作用。物联网技术可以将现实世界中的物体和设备与元宇宙进行连接,实现现实世界和虚拟世界的融合。借助物联网技术,用户可以通过元宇宙的界面控制和管理现实世界的智能设备,实现远程操控和监测。例如,用户可以通过元宇宙中的智能手机应用,远程控制家中的智能灯光、智能家电等,构建智能化的居住环境。

边缘计算技术也在元宇宙的应用实践中展现出了巨大的潜力。边缘计算技术可以将计算和数据存储的能力从云端延伸到网络边缘,提供低时延、高可靠性的计算和存储服务。在元宇宙中,边缘计算技术可以为用户提供更加流畅、实时的交互体验。例如,在元宇宙的游戏环境中,利用边缘计算技术可以实时处理用户的输入指令,使游戏的响应更加迅速,增强用户的沉浸感。

第三节　元宇宙的应用场景

一、元宇宙的教育培训领域

(一)元宇宙教育培训概述

元宇宙教育培训以虚拟的学习空间为核心,为学生提供丰富多样的学习体验。学生可以通过虚拟现实设备进入虚拟的学习场景,与虚拟的教师、同学进行互动,参与各种模拟实验和情境训练,增强学习的体验感。

元宇宙教育培训注重个性化教育。通过人工智能技术,系统能够根据学生的学习特点和需求,提供个性化的学习内容和学习路径。学生可以根据自己的兴趣和学习目标选择适合自己的学习项目,从而提高学习效果。

元宇宙教育培训强调学习的互动性和合作性。在这个虚拟的学习环境中，学生不仅可以与虚拟的教师和同学互动，还可以与真实的学生和教师进行跨国、跨地域的合作学习。这种合作学习不仅能够促进学生的学术交流和思维碰撞，还能够培养学生的国际视野和跨文化交流能力。

（二）元宇宙教育培训模式探析

在元宇宙的教育培训领域中，元宇宙教育培训模式正逐渐崭露头角。该模式的核心理念是通过虚拟现实技术，打造一个全新的学习环境，将学生从传统的课堂中解放出来，让他们可以身临其境地探索知识的奥秘。

元宇宙教育培训模式注重互动与参与。传统的教育培训通常是老师站在讲台上，学生被动地接受知识。而在元宇宙教育培训模式中，学生可以通过虚拟现实设备亲身参与到学习中，与虚拟世界进行实时互动。他们可以通过触摸、操作虚拟物体，体验各种场景，甚至与虚拟角色进行对话，这种参与感极大地提高了学生的学习积极性。

元宇宙教育培训模式强调个性化和定制化。虚拟现实技术为教育培训提供了较大的可能性。学生可以根据自己的学习需求和兴趣选择进入不同的虚拟场景进行学习，如历史、科学、文学等各个领域。同时，学生可以根据自身的学习进度和能力制订个性化的学习计划，不再受限于统一的教学进度。

元宇宙教育培训模式注重跨界合作与资源共享。元宇宙中的教育培训不再局限于单一的学校或教育机构，而是通过资源共享和跨界合作，各方共同构建一个丰富多样的学习平台。教育机构、企业、社会组织等各方可以通过元宇宙平台共享教育资源和知识技术，使学生能够接触到更多的学习内容和机会。

（三）元宇宙教育培训的优势

1. 为学生提供全方位的沉浸式学习体验

通过虚拟现实技术，学生仿佛置身于一个真实而丰富的学习环境中，与虚拟的教学内容进行互动。这种沉浸式学习方式使学生更加投入,能够有效提高学习的效果和成果。

2.具有高度的个性化定制能力

在元宇宙中,每个学生可以根据自身的兴趣、需求和学习风格,选择适合自己的学习资源和学习路径。教育培训机构可以根据学生的个性化需求,提供定制化的教育服务和学习内容,从而取得更好的学习效果。

3.拓展学习的边界

传统的教育培训通常受限于时间、地点和资源等因素,而元宇宙教育培训打破了这些限制。学生可以随时随地进行学习,无论是在学校、家中还是外出旅行中,只要有连接互联网的设备,都可以进行学习。同时,元宇宙中的学习资源也相对丰富,学生可以通过与其他学生、教师和专家进行互动,参与到各种学习活动中,进一步拓展自己的学习领域。

4.提高学生的创新和合作能力

在元宇宙中,学生可以与其他学生一起合作解决问题,开展实践项目,在虚拟的环境中进行模拟实验和实践操作。这种合作与互动的方式能够培养学生的团队合作精神、创新思维和解决问题的能力,为他们未来的职业发展打下坚实的基础。

二、元宇宙的商业贸易领域

(一)元宇宙商业贸易现状

元宇宙的商业贸易现状呈现出多样化和创新的特征。在元宇宙中,虚拟货币的流通成为主要交易方式,各种虚拟商品和服务在市场上炙手可热。虚拟货币的运作使得跨国交易变得更加便利,不受传统货币体系的限制。此外,元宇宙中的商业贸易也呈现出全球化的趋势,众多国家和地区的商家纷纷进驻元宇宙市场,形成了一个真正的全球市场。

元宇宙商业贸易的特点是信息高度透明化和交易效率高。在元宇宙中,交易参与者可以通过智能合约等技术手段实现无缝交易,避免了中介机构的参与,进一步提高了交易效率。同时,交易数据的透明化也大大减少了信息不对称的风险,提高了交易的安全性和可信度。这种高度透明化的商业贸易环境极大地促进了市场的繁荣发展。

(二)元宇宙商业贸易模式研究

元宇宙商业贸易模式是指在元宇宙环境下进行商品交易、服务提供以及资本流动的方式和规则。在这一领域中,不同的商业模式可以对商业活动的效率和效果产生重要影响。

值得关注的是传统商业模式在元宇宙环境下的适应性。传统的线下商业模式已经存在很长时间,而进入元宇宙时代后,这些模式需要进行适应和转变。随着技术的发展和数字化经济的兴起,许多企业开始探索以元宇宙为基础的商业模式,例如,虚拟商城、数字货币交易平台等等。这些新兴的商业模式为商家和消费者提供了更大便利和更多选择。

元宇宙的商业模式体现了信息技术的应用与创新。元宇宙的商业交易离不开互联网、人工智能、区块链等技术的支持。商家可以通过虚拟现实技术提供真实、沉浸式的购物体验,消费者可以通过智能合约保证交易的安全和可信。元宇宙还提供了更多的数据资源和个性化推荐服务,商家可以根据用户的行为和偏好进行精准营销。

多方合作与资源共享也是元宇宙商业模式的重要特征。在元宇宙环境下,不同企业、个体可以通过合作共同建设和经营商业生态系统。例如,一个虚拟商城可以汇集各类商品和服务,商家通过租用虚拟空间展示产品,消费者可以在虚拟商城中寻找所需的商品,并通过虚拟货币进行交易。这种合作共赢的商业模式可以降低交易成本,提高资源利用效率。

强调个性化和定制化服务是元宇宙商业模式的方向。元宇宙提供了一个多样化、个性化的虚拟世界,商业活动也可以根据个体的需求进行定制化。企业可以通过用户数据分析和虚拟现实技术提供个性化的产品和服务,进一步提升用户体验和满意度。

(三)元宇宙商业贸易的问题与对策

1. 安全性

由于元宇宙涉及虚拟资产交易和个人信息共享,所以网络安全和隐私保护成了不可忽视的问题。恶意攻击、数据泄露、盗取身份等风险对用户的信任造成了不小的影响。因此,构建强大的网络安全系统、加强身份验证和数据加密等措施是解决这一问题的关键。

2. 平台间的竞争和垄断问题

当前,一些巨头企业在元宇宙领域占据主导地位,他们拥有庞大的用户基础和资源优势,这可能导致其他中小企业难以生存和发展。为了促进竞争,有必要制定政策来限制垄断行为,鼓励创新和多元化发展,并加强监管力度,建立公平竞争环境。

3. 信任问题

与传统线下贸易不同,元宇宙中的交易往往依赖于虚拟货币和智能合约。然而,虚拟货币市场存在价格波动、欺诈交易和操控交易等问题,智能合约也可能受到漏洞攻击。因此,建立可信任的交易机制、完善智能合约安全性、加强对虚拟货币市场的管理监管等措施都是解决信任问题的重要途径。

4. 解决用户体验问题

虚拟现实技术和用户界面设计是提升用户体验的关键。目前,元宇宙商业贸易中的虚拟店铺和产品展示还面临一些技术限制,导致用户与产品之间的交互体验不够流畅和真实。因此,加强虚拟现实技术研发,改进用户界面设计,提升用户体验,将成为未来元宇宙商业贸易发展的重点。

针对以上问题,可以提出一些对策。首先,打造更为安全可靠的网络环境,加强网络安全技术的研究和应用,保障用户的信息安全和隐私权。其次,加强监管力度,制定相关政策来促进公平竞争并遏制垄断行为。再次,建立可信任的交易机制和智能合约,加强对虚拟货币市场的监管,提高用户对交易的信任度。最后,不断创新虚拟现实技术,完善用户界面设计,提升用户体验。这些对策的实施将有助于解决元宇宙商业贸易所面临的问题,推动其可持续发展。

三、元宇宙的文化创意领域

(一)元宇宙文化创意产业概述

元宇宙作为一种新兴的虚拟现实环境,为文化创意产业提供了全新的发展机遇和平台。在元宇宙中,人们可以通过虚拟现实技术创造、体验和分享各种文化创意作品。元宇宙文化创意产业涉及多个领域,包括数字艺术、虚拟展览、虚拟演出、游戏设计等。

元宇宙文化创意产业具有较高的艺术创造性。在元宇宙中,艺术家可以利用数字艺术技术创作出各种独特的艺术品,如虚拟雕塑、虚拟绘画等。这些作品不仅展现了艺术家的创意和才华,还能够通过虚拟现实技术给用户带来身临其境的艺术体验。

元宇宙文化创意产业与虚拟展览和虚拟演出密切相关。在元宇宙中,艺术家和文化机构可以通过虚拟展览的方式展示各种艺术品和文化遗产,不受时间和空间的限制。而虚拟演出为艺术家提供了全新的表演平台,可以通过虚拟人物或虚拟舞台呈现出独特的艺术表达。

元宇宙文化创意产业还与游戏设计紧密结合。在元宇宙中,游戏设计成为一种重要的创意表达方式。游戏可以通过虚拟世界的设定和互动体验,将文化创意融入游戏中,使玩家不仅能够娱乐,同时也能够感受到文化的魅力。

(二)元宇宙文化创意产业的发展模式

在元宇宙的文化创意领域,存在着多种发展模式,其中包括虚拟展示模式、互动创作模式和社群共创模式等。这些模式的出现,不仅为文化创意产业带来了更多的创作和展示方式,而且为用户提供了更丰富的体验。

1. 虚拟展示模式

在元宇宙中,文化创意作品可以以虚拟形式进行展示,如在虚拟展览馆、博物馆中展示艺术作品、文物等。通过虚拟展示,艺术家和创作者能够更加自由地创作和展示作品,不受时间和空间的限制。用户也可以通过元宇宙平台,随时随地欣赏和参观这些虚拟展示,获得更加真实的艺术体验。

2. 互动创作模式

在元宇宙中,用户不仅可以观看和欣赏文化创意作品,还可以主动参与其中,进行互动创作。例如,在元宇宙的艺术创作平台上,用户可以通过自己的创作工具进行艺术创作,与其他用户进行创作合作和交流。这种互动创作模式既拓展了文化创意作品的创作渠道,又促进了创作者之间的互动和沟通。

3. 社群共创模式

在元宇宙中,用户可以通过社群的形式,共同参与文化创意项目的创新和创作。通过分享创意,集思广益,协同合作,社群能够在元宇宙中共同创造出更加丰富多样的文化创意作品。社群共创模式的出现,不仅提升了作品的创新度,而且促进了用户之间的互动和共享。

(三)元宇宙文化创意产业的创新策略

1. 深度融合技术与文化创意

元宇宙的文化创意产业必须与前沿科技进行深度融合,发挥技术创新对文化创意的推动作用。例如,利用虚拟现实和增强现实技术,可以创造出更加沉浸式和互动性强的文化体验,提供更多元化的文化产品。

2. 强调用户参与和个性化定制

元宇宙的特点之一是用户可以积极参与其中,创造属于自己的虚拟体验。文化创意企业可以通过开放平台和社交媒体等手段与用户互动,了解用户需求并提供个性化的文化创意产品和服务。这种个性化定制不仅能够满足用户需求,还可以推动文化创意产业的创新发展。

3. 跨界合作与资源整合

元宇宙的文化创意产业可以通过与其他行业的跨界合作获得更多的资源和创新能力。例如,与科技公司合作,共同开发虚拟现实技术应用于文化创意领域;与教育机构合作,发展虚拟实验室或在线学习平台等。跨界合作可以实现资源的共享和优势互补,为文化创意产业带来更多的机遇和创新思路。

4. 着眼长期发展与文化输出

元宇宙的文化创意产业要注重长期发展和文化输出,提高文化产品和服务的国际竞争力。这涉及文化内容的本土化和全球化,并与国际市场进行紧密对接。例如,开展文化交流活动、参与国际艺术展览、合作制作跨国影视作品等,以推动元宇宙文化创意产业的国际化进程。

(四)元宇宙文化创意产业的市场前景

元宇宙的发展正在逐渐影响和改变着各个行业,文化创意产业也不例外。

在元宇宙的背景下,文化创意产业拥有广阔的市场前景和潜在的商业机会。

元宇宙为创意产业提供了一个全新的展示空间和沟通平台。通过元宇宙技术,创意作品可以以更加沉浸式和互动式的方式呈现给观众,增强了观众的参与感和体验感。这不仅提高了创意作品的市场认可度,也为创意产业的商业模式带来了更多可能性。

元宇宙为文化创意产业的跨界合作提供了更广阔的机会。传统的文化创意产业往往局限于某一领域或专业,合作机会有限。然而,在元宇宙中,不同领域的创作者可以通过合作打破界限,共同创建更具创新性和影响力的作品。例如,文化创意产业可以和科技公司、游戏开发者、虚拟现实公司等跨界合作,创造出独特而引人注目的艺术作品。这种跨界合作将为文化创意产业带来更多商业机会和市场需求。

元宇宙为文化创意产业的个性化定制带来了新的机遇。在元宇宙中,用户可以根据自己的喜好和需求,定制属于自己的虚拟世界和艺术作品。因此,文化创意产业可以根据用户的个性化需求提供更加精准的产品和服务,提高用户的购买和消费意愿。此外,通过元宇宙技术,用户还可以参与到艺术创作的过程中,与艺术家进行互动和合作,增加作品的艺术性。

元宇宙的发展将为文化创意产业提供更加广阔的市场渠道和更多样化的销售方式。在元宇宙中,创意作品可以以数字化的形式进行销售和交易,消除了时间和空间的限制。艺术家不再局限于传统的展览和销售方式,而是可以通过元宇宙平台将作品推广到全球,吸引更多的潜在客户。同时,元宇宙平台可以提供更加智能化和个性化的推荐服务,帮助用户发现和购买符合其喜好和需求的文化创意产品,进一步推动市场的繁荣和发展。

第二章　大运河文化公园

第一节　大运河的历史与文化价值

一、大运河的起源

(一)形成背景

大运河作为中国古代颇具代表性的水利工程,其形成背景含有多方面的因素。

首先,在大运河开凿之前,中国北方地区交通不便,物资运输困难。因此,大运河的开凿可以说是一种交通需求的直接反映。其次,大运河的开凿背景还与政治因素密切相关。在古代,政治中心一直位于北方地区,大运河正好连接了这些政治中心,方便了政权的统治。再次,经济因素也起到了推动的作用。大运河沿线地区具备丰富的农产品和其他资源,而这些资源需要通过运河进行运输和交易,从而促进了经济的发展。最后,自然环境因素也对大运河的形成产生了作用。大运河沿线多为平原地区,地势平坦,水资源丰富,为运河的修建提供了有利条件。

这些因素的相互作用和综合影响使大运河的修建成为可能。大运河的形成既受到地理环境的制约,又与社会和经济发展的需要紧密相关。大运河实质是一种人地关系的产物,体现了古代中国人民在改造自然和满足交通需求方面的智慧和勇气。

大运河不仅是中国古代交通发展的产物,还是中国古代政治、经济和文化发展的重要标志。它不仅连接了中国北方地区的政治中心,而且为沿线地区的经济发展和文化交流提供了便利条件。大运河的形成使得中国古代社会得以实现统一、繁荣和发展,大运河在古代交通史、工程史、文化史等方面的重要地位无可替代。

大运河的形成是多重因素相互作用的结果,其背后既有交通需求的推动,又有政治、经济和自然环境的因素共同影响。因此,研究大运河的历史意义和文化价值,了解其形成背景具有重要的理论和实践意义。

(二)发展历程

在古代中国,大运河作为一条重要的水路贯穿了北方平原,连接了黄河、长江和淮河等主要河流,成为中国重要的交通枢纽。大运河的发展历程可以追溯到东周时期,但真正形成规模较大的运河体系要追溯到隋朝。

隋朝时期,由于农业生产的发展和统一大国的需要,大运河的修筑正式启动。隋炀帝杨广下令修通京杭大运河,以满足北方各地的粮食运输需求,加强中央政权对地方的控制力。大运河的修建工程耗费了大量的人力、物力和财力,但最终建成了一条连接京城和江南的重要水路。

随着唐宋时期的继续修建和完善,大运河的规模逐渐扩大,并逐步形成了现代所称的大运河。唐代时,大运河的南北段串联起了邯郸、洛阳、开封、扬州、杭州等重要城市。而宋代时,大运河东扩达到了海州、临安等地,连接了现今中国沿海重要城市的腹地。

大运河的发展历程中,除了修筑工程的不断扩张,还伴随着经济、政治、文化等各个方面的发展。大运河的开通为国家的疆域统一和区域经济的繁荣提供了坚实的基础。隋唐时期,大运河的畅通促进了北方和南方的经济交流,推动了商品的流通和贸易的发展。随着大运河的不断延伸,更多的城市和沿途的地区得以发展,形成了繁荣的商业、文化中心。

(三)工程特点

大运河作为中国古代颇为壮丽的水利工程,其工程特点彰显了中国古代工程技术的杰出成就。以下将从运河整体设计、渡槽桥梁、工艺水库及水闸等方面,探讨大运河的工程特点。

大运河在整体设计上具有科学运筹和合理布局的特点。整条运河呈现南北走向,总长度达到数千公里。运河途经多个城市和地区,连接了中国北方和南方的主要水域。运河的设计充分考虑了水源供应、水流平稳等因素,以确保运河全线通航。

大运河上的渡槽桥梁工程给人留下了深刻的印象。渡槽桥梁是为了解决运河与河流之间的交通问题而建造的,不仅在数量上庞大,而且在工程难度上也相当高。这些渡槽桥梁经过巧妙的设计和精确的施工,使运河船舶能够顺利通过,并保持河流的正常流动。

大运河涉及了工艺水库的建设。为了保证整条运河的水量供应和水质的稳定,工艺水库的建设起到了至关重要的作用。这些水库可以对水源进行调节,从而保持全线运河的通航条件,并且为沿线地区的人们提供充足的水资源供应。

大运河上的水闸工程也是其工程特点之一。水闸的建设使运河上的水位能够得到精确控制,保持运河水体的稳定。水闸工程通过开启和关闭闸门来调节水位,以适应船只的通行和河流的水势变化,极大地提高了运河的安全性和通行效率。

二、大运河的历史沿革

(一)大运河的建设过程

大运河作为中国古代重要的水利工程,其建设过程可以追溯到两千多年前的春秋战国时期。在那个时代,国家需要进行经济和军事的联系,而运河便成为连接各个地区的重要交通要道。大运河的建设可以分为多个阶段,每个阶段都有其独特的特点和贡献。

大运河的建设始于战国时期的吴国。那时,吴国君主夫差为了方便军队北伐,开凿了邗沟。他派出了一支庞大的劳动力队伍,进行了长时间的艰苦努力,终于修建了这一段运河,这是大运河建设的开端。

在秦朝统一六国后,秦始皇继续大运河的建设,将已有的水道进行了扩展和完善。他下令修建更多的运河支线,使得更多的地区可以通过运河进行联系和交流。这是大运河建设的第二个重要阶段。

随着魏晋时期和南北朝时期的相继到来,大运河经历了一段动荡和停滞的时期。战乱和统治者更迭导致了大运河的维护和管理陷入困境,运河的疏通和修复工作几乎停止。然而,随着隋朝的建立,大运河重新进入了建设的黄金时期。

隋朝的杨广皇帝十分重视运河的重要性,下令修建新的大运河,并对其进行了一系列的改造和扩建工作。他增加了运河的宽度和深度,提高了通航能力,使得大运河成为当时世界上最宽阔的运河之一。这一时期的大运河建设功不可没,奠定了大运河作为水运交通要道的地位。

明清时期,大运河的建设进入了又一个繁荣和发展的阶段。明朝和清朝君主都将大运河作为重要的项目加以推行。他们对大运河进行了整修和加固,以确保其在经济和军事方面的功能得以充分发挥。这一时期的大运河成为中国沿海和内陆地区重要的贸易通道,对中国的经济繁荣起到了积极的推动作用。

大运河的建设过程经历了多个阶段,每个阶段都有其特点和贡献。从春秋战国时期到明清时期,大运河经历了不断的维修和改善,成为中国古代最重要的水利工程之一。大运河的建设过程证明了古代中国在水利建设方面的卓越技术和管理能力,为后世留下了宝贵的文化遗产。

(二)大运河的历史变迁

大运河作为中国古代最长的人工水道之一,其历史变迁承载了中国历史的沧桑巨变。在古代,大运河的建设与发展离不开政治、经济、文化等因素的影响。

大运河的历史变迁与政治背景密切相关。在中国古代,大运河的建设和维护往往与政权更迭紧密相连。随着朝代的更替,大运河的修建与修缮也经历了多次起伏与调整。每个朝代都对大运河进行了一定的修复与改造,力图使其发挥更大的政治、军事和经济功能。例如,隋代的大运河建设是以统一北方政权为目标,而明代修葺大运河是为了巩固政权与加强贸易。

大运河的历史变迁与经济因素密切相关。大运河在中国古代扮演着重要的经济命脉角色,沿线有着繁荣的商业活动,为中国古代经济的发展做出了重要贡献。随着历史的演进和交通技术的变革,大运河的地位逐渐被铁路和公路所取代。从 19 世纪开始,随着铁路和公路交通网络的扩张,大运河的运输功能逐渐式微,沿岸城市的繁荣也开始衰落。

大运河的历史变迁还受到了文化因素的影响。大运河沿线的城市文化延续了数千年,形成了独特的沿河文化和历史传统。例如,扬州、杭州、临安等城市因为与大运河的联系而成为重要的政治、文化和经济中心。在文人雅士的笔下,许多优美的诗词和文学作品也描绘了大运河的壮丽景色和深远影响。

(三) 大运河的历史影响

大运河的建成对于促进经济发展起到了重要的推动作用。随着大运河的通航,物资和货物的运输变得更加便捷,不仅加速了地区间的贸易流通,而且促进了商品的生产和消费,进一步推动了经济的繁荣。

大运河的历史变迁展现了中国历史的演进和政治格局的变化。在不同历史时期,大运河曾经成为各个王朝政权统治的重要标志。随着政权更迭,大运河的管理和利用方式也发生了变化。例如,在宋代,大运河成为政府财政的重要来源,通过对船队进行管理和征收过往船只的税收,极大地增加了政府的财政收入。

大运河对民生产生了积极影响。对大运河的开凿和维护,使许多沿线地区建立了繁荣的城市和镇区。这些城市和镇区为周边居民提供了更多的就业机会,吸引了人口的流入。大运河也成为人们生活的重要组成部分,沿线居民依赖大运河提供的水源和便利的交通进行生活,大运河为沿线居民生活提供的便利促进了社会的稳定和发展。

大运河还承载着丰富的文化价值。通过大运河的历史沉淀,我们可以了解到中国古代的水利技术、交通运输系统以及社会生活的方方面面。大运河沿线的文化遗迹和建筑也是对中国古代文明的重要见证,这些遗迹和建筑具有独特的历史价值和艺术价值,吸引了众多学者和游客的关注和研究。

大运河的历史影响贯穿中国历史的方方面面。从经济发展、政治格局、民生改善到文化遗产的传承,大运河都发挥着重要的作用。因此,人们应该重视对大运河的保护和研究,进一步挖掘其历史价值,为社会文明贡献更多的智慧和启示。

三、大运河的文化价值

(一)大运河的文化遗产

大运河的沿线地区拥有丰富的文化遗产,其中颇具代表性的是大运河沿线的古建筑。这些古建筑包括桥梁、闸门、堤坝等,它们见证了大运河的历史演变,也是人类智慧的结晶。这些古建筑物既是物质文化遗产的重要组成部分,也是非物质文化遗产的重要组成部分。

古老的运河文化是大运河的重要文化遗产之一。沿线地区的传统习俗、民间艺术等都与大运河紧密相连。例如,沿运河世世代代从事水运业务的船家文化,不仅体现了劳动人民的智慧和勇气,而且成了地方文化的重要组成部分。同时,大运河沿线各地的音乐、舞蹈、戏曲等表演艺术形式,融入了大运河的历史与传统,形成了独特的地方文化。

大运河还孕育了许多文学作品和传统手工艺品,成为独特的文化遗产。文学作品中,有很多描写大运河的诗歌、小说、散文等,以及许多以大运河为题材的书籍。这些文学作品展现了大运河的壮丽景色和人文风貌,为后来的人们留下了珍贵的文化资料。在手工艺品方面,大运河沿线的陶瓷、木雕、织锦等传统手工艺品,以其独特的工艺和富有艺术价值的设计,成为大运河文化的标志。

大运河的文化遗产不仅体现在物质上,还包括习俗、信仰等非物质方面。沿运河地区的传统节日和庆典,如灯节、龙船赛等,都是大运河文化的重要组成部分。这些习俗不仅体现着人们对大运河的热爱和纪念,也反映了当地人民的生活方式和精神追求。

(二)大运河的历史文化影响

大运河通过连接北方和南方的水运通道,极大地促进了经济和文化的交流。在古代,大运河上的商船往来频繁,带动了沿线各地经济的繁荣发展。商业、手工业、农业等产业的相互联系,使大运河沿线地区的经济活力得以充分释放。同时,大运河沿线的城市因其交通便捷而成为文化中心,吸引了众多学者、文人雅士等前来交流学术、艺术以及文化传统。

大运河作为交通枢纽,对交通运输方式的发展产生了深远的影响。在大运河沿线,形成了一整套完善的水运体系,包括港口、航道、船闸等基础设施。这些设施的建立和运营,不仅满足了当时人们的交通需求,也为后来交通运输方式的发展提供了宝贵经验。例如,大运河的存在对现代化的铁路、公路等交通系统的建设起到了积极的推动作用。

大运河的历史文化影响体现在大运河成为文化传统的载体方面。沿线的城市和乡村都有着丰富的历史文化遗产。例如,河北的山西大运河文化带,集中了大量的古建筑、传统手工艺品、史迹等。这些文化遗产不仅代表着过去的历史,也是今天人们了解和传承文化传统的重要来源。而大运河沿线地区的民俗、节日等传统文化也在沿途的城市和村落中得以保留和发扬,成为民众身份认同和社会凝聚力的象征。

大运河也对当地的经济结构和社会模式产生了重要影响。沿线地区交通便利,使得人员流动和商品流通更加频繁,从而推动了经济的多元化发展。农业、手工业和商业等行业的繁荣,为当地居民提供了更多的生计来源,并促进了社会的繁荣和进步。大运河也有助于城市化的发展,吸引了人们从农村迁徙到城市,进一步推动了经济和社会的发展。

大运河作为我国重要的水利工程和交通枢纽,对经济、交通、文化等方面都产生了深远的影响。其历史文化影响体现在促进经济和文化交流、推动交通方式发展、成为文化传统的载体以及对当地经济和社会结构的影响等方面。深入理解和挖掘大运河的历史文化影响，对于保护和传承大运河的文化价值具有重要意义。

（三）大运河与当地文化的关系

大运河作为我国古代重要的水运通道，不仅发挥着交通运输的作用，也承载着丰富的文化内涵。在其漫长的历史过程中，大运河逐渐融入了当地的文化传统，并且与当地的经济、社会、生活等各个方面产生了紧密的联系。

大运河的存在为当地的经济发展提供了有力支撑。沿大运河流域的城市和乡村大多依赖运河进行货物运输。这种便捷的交通方式不仅促进了商品流通，也刺激了当地的商业繁荣，形成了一定的经济市场。当地人民通过与大运河的互动，不仅学会了运输和贸易的技能，还逐渐形成了特色的商业文化。

大运河的文化深刻地影响了当地的社会和生活。运河沿岸的城市和村庄历经了数百年的变迁，形成了独特的风土人情和生活方式。当地的居民在与大运河的互动中，逐渐形成了一套独特的社会规范和价值观。例如，在大运河流域，人们崇尚勤劳和节俭，注重家庭和睦，遵循着一些传统的礼仪和风俗。

大运河也成为当地文化传统的重要组成部分。通过与大运河的联系，当地人民逐渐形成了自己独特的文化形态。例如，在大运河流域，许多村庄都有独具特色的建筑风格和民俗文化。这些特色既受到了大运河的影响，也逐渐孕育出了独特的文化符号和文化传统。当地的祭祀活动、传统节日等都与大运河密切相关，形成了丰富多样的文化活动。

在当地文化的保护和传承方面，大运河也扮演着重要的角色。大运河的存在使得当地的文物和古迹得以保存和传承。许多历史建筑和文化景观沿运河而建，成为当地文化的重要遗产。同时，大运河也促进了当地对文化保护的重视，相关部门加大了力度，加强了对大运河及其文化遗产的保护和修复工作，使其能够更好地传承下去。

四、大运河的遗产分布

（一）大运河的遗产种类

1. 建筑遗产

这些建筑物包括宫殿、桥梁、码头、堤岸和闸门等，它们展现了中国古代工程技术的巨大成就。例如，大运河沿线散布着众多宏伟的宫殿建筑，包括扬州的皇城和孙府，它们体现了明清时期皇室建筑的精湛工艺和豪华气派。此外，大运河上独具特色的石拱桥和欢快的拱桥门楼，构成了河道上的一道亮丽风景线，成为大运河文化的象征。

2. 文物遗产

在大运河沿线，可以发现许多与历史和文化相关的文物，如碑碣、石刻、古墓等。这些文物见证了古代中国各个历史时期的发展和荣辱。例如，在河北省的柏乡县，有座著名的北魏晋代古墓群，其中保存着大量珍贵的壁画、陶俑等文物，为研究当时社会、艺术和文化提供了重要的线索。

3. 艺术品遗产

这些艺术作品包括绘画、书法和雕塑等，展示了中国古代人们的审美情趣和艺术修养。在大运河沿线的苏州市，有一处非常著名的艺术园林——拙政园，它以其精湛的园林艺术、精致的石雕和精美的壁画而闻名于世。这些艺术品不仅体现了古代中国人的审美意识，而且反映了大运河文化的独特魅力。

4. 传统工艺遗产

这些传统工艺包括陶瓷制作、丝绸织造、木雕和金属加工等，是古代人们智慧和技能的结晶。在大运河沿线的浙江省宁波市，有一处著名的丝绸织造工坊，保存了大量精湛的传统织锦技艺。这些传统工艺的保护和传承,不仅有助于保护大运河文化,而且为促进当地经济发展提供了新的机遇。

(二)大运河遗产的地理分布

大运河是中国古代最为重要的水利工程之一,其遗产分布广泛且丰富。这些遗产包括建筑物、景观、遗址等。大运河的地理分布跨越多个省份和城市,涵盖了京津冀、山东、江苏、浙江等地区。这些地区不仅地理位置重要,而且因大运河遗产而受到了广泛关注。

在山东省,大运河的遗产主要分布在济南、德州、济宁等城市。济南作为大运河的起点,拥有着丰富的运河遗产。著名的趵突泉、大明湖等景点,都与大运河有着密切的联系。而德州作为大运河经过的城市之一,留下了许多历史建筑和文化景观,如岱庙等。济宁则以运河上的城市闻名,保存了许多古代水运设施和建筑。

在江苏省,苏州、扬州等城市是大运河遗产的重要分布区域。苏州以拥有精湛的丝绸织造技艺而闻名,而大运河也经过了苏州这个历史名城。运河畔的古镇、园林等景点,都是大运河遗产的宝贵资源。

大运河在浙江省也有着重要的地理分布。杭州作为大运河的南端,通过遗产保护和传承,展示了大运河的独特魅力。运河沿岸的运河文化村,如河坊街、古墩路等,可以使人们感受到大运河带来的历史和文化氛围。

(三)大运河遗产的保护现状

目前,大运河遗产的保护工作取得了显著成效。一方面,各级政府高度重视大运河遗产的保护工作,出台了一系列的政策和法规。这些政策和法规为大运河遗产的保护提供了法律依据,明确了相关部门和机构的职责和任务。另一方面,专门的保护机构和团队也得以成立,他们致力于大运河遗产的保护和修复工作。这些机构与团队采用先进的技术手段,对大运河遗产进行细致的调研和分析,制定出周密的保护方案,其具体内容分为以下三个部分。

一是大运河遗产的认定和保护范围得到扩大。以前,人们对大运河遗产的保护主要集中在具有特殊历史、文化价值的遗产上,如古城堡、古桥等。但是,随着研究和调查的深入,人们发现大运河遗产的类型和数量远远超出了人们的想象。因此,在保护方面,不仅要注重对重点遗产的保护,还要保护和利用其他类型的遗产。对于一些远离主要城市的遗产,也要加强保护和管理。

二是大运河遗产的保护工作从单一的保护转变为综合的保护。以前,大运河遗产的保护主要以修复和重建为主,很少涉及其他方面,如环境保护、社会保护等。但是,随着社会的发展和人们对文化遗产价值认识的不断提高,保护工作也在不断改进。现在,大运河遗产的保护不仅要保护其建筑本身,还要保护周边环境,使其真正成为人们生活和举办文化活动的场所。

三是大运河遗产的保护工作注重可持续发展。保护工作不仅仅是修复和保护遗产本身,还要考虑到其利用价值和发展潜力。保护工作要与旅游和文化产业结合起来,推动大运河遗产的利用和开发。只有在可持续发展的基础上,才能更好地保护和传承大运河的文化遗产。

第二节　大运河文化公园的规划与建设

一、大运河文化公园的规划理念

(一)保护与展示大运河文化

大运河作为中国古代最长的人工运河,不只是一条重要的交通干线,更是千百年来中国文化的重要载体。大运河文化公园的规划理念围绕着文化传承、历史保护和公众参与展开,以此达到保护和展示大运河文化的目的。

在保护与展示大运河文化的过程中,文化传承是一个至关重要的环节。通过深入挖掘大运河的历史、文化和精神内涵,将其融入公园设计和建设中,有助于人们更好地理解并传承大运河的独特魅力。公园内的文化展览、文化活动和文化教育项目将成为人们接触和了解大运河文化的窗口,可以增强公众对大运河古迹和文化遗产的认知和保护意识。

为了将大运河文化与城市公共空间有机融合,大运河文化公园的规划理念注重创造宜人的城市环境和社交空间。在公园设计中,融入了多样化的景观元素和休闲设施,满足市民休闲娱乐的需求,并以此激发公众参与到大运河文化保护和传承中的热情。例如,公园内设置了亲水平台、步行街区、景观广场等,为市民提供了休息、娱乐和互动的场所,同时也打造了一个展示大运河文化的公共空间。

在绿色环保方面,大运河文化公园的建设理念强调可持续发展和生态保护。通过合理规划和设计,能够最大限度地保留和恢复大运河沿线的自然景观和生态系统。在公园建设中,采用生态植被、雨水收集利用等绿色技术手段,同时引入先进的管理模式和科技手段,实现对公园的高效管理和资源利用,为大运河文化的保护和展示提供了可持续的保障。

公众参与是大运河文化公园规划管理的重要模式。公园建设过程中,注重市民参与和意见反馈,借助座谈会、调查问卷和公开听证等形式,广泛征集市民对大运河文化保护和公园建设的意见和建议,确保规划设计符合公众需求,并增强社区居民对公园的认同感和对建设的参与度。此外,还可以积极引导社区居民参与公园的日常管理和文化活动,共同携手保护和传承大运河文化。

(二)融入城市公共空间

作为一个城市的文化遗产,大运河文化公园旨在将其融入城市的公共空间中,为市民和游客创造一个文化、休闲、娱乐的场所。在融入城市公共空间的规划理念下,公园的设计注重与周边环境的协调和融合,以打造一个与城市风貌相符、具有地方特色的场所为目标。

公园的建设与周边的城市规划相呼应,注重保留和恢复历史文化的相关元素。在景观设计上,应充分考虑大运河文化的特点,将大运河作为主要的景观元素之一进行展示。通过沿运河两岸的步道、景观廊道和观景平台等,游客可以近距离观赏到大运河的美景,并且了解到相关的历史和文化故事。在公园的建筑设计上,保留和修复历史建筑,以展示大运河文化的独特之处。

公园的布局考虑人们的休闲需求和活动习惯,注重开放性和便利性。合理的交通规划和便捷的设施可以使公园成为市民日常休闲娱乐的好去处。例如,在公园的中心区域设置了广场和草坪等休憩场所,供人们放松身心;设立儿童游乐区、健身设施和运动场地,满足不同群体的需求。公园的景观和照明设计也十分重要,以便营造舒适的氛围,使人们享受绿色、宜人的公共空间。

公众参与是一个重要的环节。通过各类公众活动和座谈会,让市民反馈对公园的规划和建设意见。市民的建议和意见应该被认真考虑并融入规划中,以确保公园的建设符合市民的期望和需求。公众参与还能提高市民对大运河文化的认知和关注度,增强公园的社会功能。

(三)绿色环保的建设理念

1.注重保护生态系统

在规划和建设过程中,应充分考虑自然生态的复杂性和多样性。通过合理规划园区内的湿地、草地、树木等自然元素的分布和布局,达到保护生态系统的连续性和完整性,以及为动植物提供合适的生存环境的目的。还应注重植物的选择,倾向于使用本地的植物种类,以促进对本地生物多样性的保护。

2.倡导环保意识的培养

在公园内设立环保教育展示区域,通过展览、互动游戏等形式,向游客传达环境保护的重要性。注重培养环境友好的行为习惯,如在公园内设置垃圾分类收集点、提供自行车租赁服务等,鼓励游客采取更环保的交通方式和生活方式。

3.注重资源的合理利用和能源的节约

公园内采用节水灌溉系统、智能节能照明设施等技术手段,可以降低资源消耗和对环境的影响。在建筑设计和材料选择上也遵循环保原则,尽量使用可再生材料和低碳材料,减少对自然资源的损耗。

4.提倡可持续发展的观念

公园的建设不仅是一次单纯的工程项目,还是一个长期的社会实践。因此,在规划管理模式上,要注重公众参与和社区的智力资源整合。通过与当地居民、专家学者以及各相关利益方的合作,形成一个全面、协同的管理模式,共同促进公园的可持续发展。

大运河文化公园的绿色环保建设理念在规划和建设过程中得到了全面落实。通过生态系统保护、环保意识培养、资源利用和社区参与等方面的措施,文化公园成为一个可持续发展的绿色空间,为公众提供休闲、娱乐和文化交流的理想场所。

二、大运河文化公园的建设背景

(一)历史背景与现状

大运河作为中国古代最长的人工运河,具有悠久的历史和深厚的文化底蕴。自公元前五世纪开始开凿,历经两千多年的发展和演变,大运河成为连接北方与南方的重要水道,也成为经济、文化交流的重要纽带。

随着现代化进程的加快和城市发展需求的加大,大运河逐渐被遗忘和忽视。原本繁华热闹的运河逐渐变得沉寂和荒凉,历史建筑和景观也渐渐残损或消失。这种状况引起了人们的关注和忧虑,人们开始反思如何保护和传承大运河的文化遗产。

大运河文化公园的建设便是对大运河历史背景与现状的回应。通过恢复和利用大运河的历史遗迹和文化景观,将大运河从被遗忘中重新唤醒,人们可以重新认识和了解大运河的重要性。公园的建设并不只是简单的保护和修缮,更重要的是以人为本,为社会大众提供一个丰富多样的文化体验和参与平台。

在现代社会中,人们越来越重视对历史文化的传承与保护。大运河文化公园能够满足人们对于历史、文化的需求,并通过展示和体验使之融入公众生活。公园的建设不仅能够提升城市形象,还能够促进旅游业的发展和经济的繁荣。同时,公园作为一个开放的空间,为人们提供了一个放松身心的场所,增强了城市居民的生活幸福感。

大运河文化公园的建设注重挖掘和传承文化价值,通过多种形式的展示和演绎,将大运河的文化内涵向公众展示。活动、展览、表演等形式的文化活动不仅能够增加公园的吸引力,还能够让人们更加深入地了解大运河的文化价值和意义。公园的建设更强调与文物保护单位的合作,通过合理规划和设计,使这些文化遗产能够得到更好的保存和利用。

(二)公园建设的社会需求

大运河文化公园的建设满足了居民生活和休闲的需求。随着现代化城市的进程,人们日益渴求绿色环境和优质休闲场所。大运河文化公园的建设为城市居民提供了一个远离喧嚣的自然环境,人们可以在这里散步、慢跑、垂钓等,尽情享受大自然的美好。

大运河文化公园的建设满足了居民文化和教育需求。公园内不仅融入了大运河的历史文化元素,还设置了文化展览馆、博物馆等文化教育设施。这些设施不仅可以让居民了解大运河的历史,还可以提供丰富的文化体验和学习机会,满足居民对文化知识和艺术欣赏的需求。

大运河文化公园的建设充分考虑社区的社会交往和凝聚需求。公园内设置了广场、音乐喷泉等公共空间,为居民提供了一个互动的场所。居民可以在这里结识新朋友,参加社区活动,增强社区凝聚力,拓宽社交网络,提升幸福感,加强社会联系。

大运河文化公园的建设满足了城市的形象建设需求。作为城市的名片,公园的建设不仅要突出历史文化特色,而且要注重建筑美学和环境绿化。大运河文化公园的规划理念中注重保护和修复大运河的历史景观和建筑遗址,并通过植被绿化和景观设计提升公园的美观性,提升城市形象。

（三）公园建设的经济意义

大运河文化公园的建设将带动地方经济发展，为当地提供丰富的就业机会。公园的建设，需要大量的劳动力参与其中，这将提升当地的就业率。同时，公园的运营管理需要专业人才，如管理人员、景区导游等，这些岗位的设立为地方培养了各类服务业人才，促进了就业结构的优化。

公园建设对旅游业的发展具有积极的促进作用。大运河文化公园作为一项重要的旅游资源，吸引了大量的游客前来观光游览。这不仅能够增加地方旅游业的收入，还能够带动相关产业的发展。例如，公园周边的餐饮、住宿、购物等服务业将得到极大的提升，旅游景点的运营也会推动当地旅游产业链的发展和成熟。

公园建设还能够促进文化创意产业的繁荣。大运河文化公园注重文化的传承与创新，提供了一个良好的平台来展示地方的传统文化和创意文化。通过举办各类文化活动、展览、演出等，公园为文化创意产业提供了广阔的发展空间。同时，公园也吸引到了各类文化艺术机构、从业者和文化创意企业的入驻，推动了文化创意产业的发展，为地方经济增添了新的增长点。

（四）公园建设的文化价值

大运河文化公园作为一个历史文化景观，呈现大运河的历史演变过程，使人们能够更加深入地了解我国古代水运和城市发展的历史脉络。公园内的建筑、雕塑、碑文等艺术形式，不只是对历史的还原和再现，更展示了古代工艺和艺术的精湛。这样的文化展示，将帮助人们重拾对传统文化的热爱，加深对古代智慧和美学的理解。

大运河文化公园的建设将提供一个文化交流和互动的平台。公园内将设置丰富多样的文化活动和展览，吸引国内外的文化爱好者前来参观和体验。这种交流和互动，将促进不同地域和文化背景的人们之间的沟通和相互理解。公园将定期举办文化庙会、古代船舶展示、传统表演等活动，使人们能够亲身感受到大运河文化的魅力,并促进文化多元性的传播和发展。

大运河文化公园的建设还将为当地经济发展带来积极的推动作用。作为一个重要的文化旅游景点,公园的建设将吸引大量的游客和投资,创造就业机会,带动周边商业和服务业的发展。公园作为文化产业的一个重要组成部分,将促进相关文化产品和创意设计的创作和开发,推动文化产业的繁荣与发展。

三、大运河文化公园的建设过程

(一)初步设计与规划

在规划初期,建设目标是确保公园能够充分展示大运河的历史文化价值,并为游客提供愉快、舒适的游览环境。

在设计之初,进行了充分的研究和调研工作,了解了大运河的历史渊源以及沿线的文化遗产。通过对大运河沿线的考古发掘和历史文献的梳理,对大运河的历史进行了全面了解,为公园的初步规划奠定了基础。

在规划初期以景观设计为核心,充分考虑公园的整体布局和景观建设。通过对公园区域的地形、植被和水域的分析,确定了公园的主题和风格,以及具体的景观元素和建筑风格。同时,注重与周边环境的融合,采用了一系列生态友好的设计理念,以恢复和保护当地的自然生态系统。

在规划中,还充分考虑了公园的功能设置和游览线路的规划。将公园分为不同的功能区,包括文化展示区、休闲娱乐区、运动健身区等,以满足不同游客的需求。同时设计了多条游览线路,让游客可以全方位地了解大运河的历史文化和自然景观。

为了保证初步设计与规划的实施顺利进行,还组建了专业团队进行项目管理和监督。建筑设计师、景观设计师和工程师等专业人员密切合作,共同制定了详细的设计方案和施工步骤。

(二)工程施工与管理

为了有效地推进工程,在保证质量和进度的同时,必须采取科学合理的工程施工与管理措施。

进行细致的施工规划和前期准备工作是必不可少的。在确定施工地点和范围后,施工方需制定详细的施工方案,并进行必要的土地改造和平整工作。还要进行深入的勘探和风险评估,以准确掌握土地的地质情况和环境背景,为后续施工提供可靠的依据。

施工队伍的组建和管理对于工程施工的效率和质量起着决定性的作用。拥有一支高素质的施工队伍是保证工程质量和进度的重要保障。在组建施工队伍时,需严格筛选人员,并根据工作需要进行培训并配备合适的技术人员。在施工管理方面,施工队伍的管理者需要确保施工人员遵守相关规范和安全操作要求,做好现场安全管理和施工现场的协调与监督工作。

工程施工中的材料选用和监测是确保建设质量的重要环节。施工过程中,必须选择符合规范要求的材料,并根据设计要求进行材料的配套和管理。同时,对材料进行严格的质量检验和监测,及时发现问题并进行调整。此外,还要做好施工过程中的环境保护工作,尽量减少对周边环境的影响。

工程施工中的质量控制和进度管理是工程成功落成的重要保障。制订详细的工程施工计划,并严格按照计划进行施工和监督,可以确保工程的顺利推进和高质量完成。在施工过程中,要及时发现和解决各种问题,如施工质量不达标、进度滞后等,确保工程按时按质完成。

(三)市政设施的配套建设

在初步设计阶段,根据公园的规模和功能需求,市政设施的布局和规划得到了充分考虑。对道路、桥梁、排水系统等基础设施的位置和数量进行了科学的定位。为了提升公园的交通便利性和安全性,还规划了停车场、步行道、自行车道等交通配套设施,确保游客的出行更加便捷和安全。

工程施工与管理是市政设施配套建设的关键环节。在施工过程中,严格遵守相关的施工标准和规范,保障施工质量和进度。为了提高管理效率,可以采用先进的施工管理技术,如 BIM(建筑信息模型)技术、物联网技术等,实现对施工过程的全程监控和管理。加强与相关部门的沟通与协调,确保施工过程中的各项工作有序进行。

在市政设施的配套建设中,公园绿化与景观建设也是不可忽视的一部分。合理的绿化规划和景观设计,可使公园更加美观宜人。同时,注重选择适应当地气候和土壤条件的绿化植物,并进行科学养护和管理,保证公园的绿化质量和可持续发展。

为了保障市政设施的质量和可靠性,应加强市政设施的维护与管理工作。建立健全维修机制和配套服务系统,及时解决设施使用过程中的问题,确保公园设施的安全和正常运行。

市政设施的配套建设是大运河文化公园建设过程中的重要环节。通过科学规划、精细施工和有效管理,公园的市政设施不仅能够为游客提供良好的出行环境,还能够提升公园的整体品质和形象,为游客带来更好的体验。在未来,将进一步加强市政设施的建设和管理,为大运河文化公园的发展做出更大的贡献。

(四)公园绿化与景观建设

在初步设计与规划确定之后,人们着重关注公园的绿化和景观建设,旨在创造一个优美、宜人的环境,让游客在其中享受自然之美。

1. 注重公园的植被绿化

根据地理位置和气候条件,选择适应当地环境的植物种类,并进行合理的植物布局。在公园的主要道路和广场附近,采用一些观赏性较强的花卉和灌木,以增添色彩和艺术感。而在公园湖泊和水边区域,可以种植一些水生植物,营造出一片静谧而清新的水景。整个公园的植被绿化不仅使空气更加清新,还为游客提供了舒适宜人的环境。

2. 注重景观建设

应注重景观与公园主题的结合,以展现大运河文化的独特魅力。在公园内设置了各种主题景观,如仿古建筑、水上乐园、野生动物园等,以满足不同游客的需求。此外,还可以加强景观与道路、建筑物的融合,通过合理的布局和选材,使其与植被绿化相得益彰。景观建设的目的是塑造具有独特品位和美感的公园景观,使游客可以在其中体验到美的享受和文化的沉浸。

3. 注重生态环境保护和可持续发展

采用一些生态友好的绿化材料和技术,如雨水收集利用系统、自动灌溉系统等,以减少水资源的浪费和能源的消耗。同时,注重生态保护与文化传承的结合,通过设置一些展览馆和文化遗址,让游客深入了解大运河的历史文化,从而提高对文化遗产的保护意识。

第三节　大运河文化公园的地理环境与生态景观

一、大运河文化公园的地理环境

(一)地理位置与分布

通过研究,可以发现大运河文化公园的地理位置与分布对于其文化资源的保护和开发起到至关重要的作用。公园地理位置紧邻交通枢纽,交通便捷,方便了游客的出行。无论是江南风光、汴京古道,还是水乡民俗、建筑文化等,都能找到独特之处。

在地理位置与分布的基础上,大运河文化公园在各个城市的合作下,形成了一个庞大的旅游联动网络。各地的旅游景点和文化资源通过公园的地理衔接相互联系,在整个大运河沿线呈现出一个完整的旅游系统。这种地理分布不仅促进了各地旅游资源的合理开发利用,还为游客提供了更多元化的旅游选择。

大运河文化公园的地理位置和分布也对公园的经济发展起到了积极的推动

作用。公园所在地的旅游业得以发展壮大,吸引了大量游客前来观光旅游,带动了当地的餐饮、住宿、购物等相关产业的兴旺发展。公园周边的农村地区也得益于地理位置的优势,发展了特色农业和乡村旅游业,为当地农民提供了增收致富的机会。

大运河文化公园的地理位置与分布是其发展的重要基础。它的独特地理分布和交通便利性为公园提供了得天独厚的发展优势,也为游客提供了更多元化的旅游资源选择。公园所在地旅游业的发展也为当地经济做出了积极贡献。因此,在大运河文化公园的保护与开发中,应充分利用其地理特征,加强跨区域合作,进一步提升公园的整体竞争力和吸引力。

(二)地形地貌特征

从纵向上看,大运河文化公园的地势呈现出南北高、中间低的特点。南部地势较为平坦,海拔相对较低,主要是平原和河谷地带。而北部地势逐渐升高,呈现出一定的山丘和丘陵地形,这种地形差异赋予了公园不同的景观特色。

从横向上看,大运河文化公园的地貌呈现出丰富的水系特征。公园内多条支流汇入大运河,形成了错综复杂的水网系统。水网的存在不仅为公园增添了自然美景,也为生态环境提供了丰富的资源。水系的延绵不断,形成了多个水域景观,如湖泊、河流、湿地等。这些水域景观不仅提供了游览和娱乐的场所,同时也促进了生物多样性的保护和恢复。

大运河文化公园的地貌包括湿地、湖泊、丘陵等多种类型。湿地作为重要的生态系统之一,扮演着调节气候、蓄水和净化水质的重要角色。公园内的湿地面积较大,湿地植被丰富,吸引了大量候鸟和其他水生生物栖息繁衍。湖泊的存在增加了公园的景观层次感,游客可以在湖畔休闲漫步,欣赏水面上的倒影和水中的水生植物。

公园的丘陵地形也是其独特的地貌特征之一。丘陵地区地势较高,山峦连绵起伏,为公园增添了一份壮丽和神秘感。丘陵上覆盖着茂密的森林植被,空气清新,提供了理想的休闲和健身场所。登高俯瞰,可以欣赏到公园的全貌和周边风光的美丽景色。

大运河文化公园拥有多样丰富的地形地貌特征。南北高差、错综复杂的水系、湿地和丘陵等元素共同构成了公园独特的景观魅力。这些地理特征为公园提供了得天独厚的自然资源,也为游客提供了丰富多样的游览选择。同时,这些地形地貌特征也为公园的生态环境提供了宝贵的保护和恢复基础。

(三)地质地下水特征

就地质方面而言,大运河文化公园所处的地理位置是一个古老的河流沉积物区域,主要由黄土、砂砾、粉沙和泥沙等构成。这些地质特征使该地区土壤肥沃且含水量丰富,为公园内的植物生长提供了良好的条件。

在地下水方面,大运河文化公园地区的地下水资源丰富。调查显示,该区域地下水位较浅,地下水含量较高。由于古代人们修建了大运河与周边灌溉系统,地下水层得到了有效保护和补充。这不仅为公园内的湖泊、水道等水景提供了水源,也为公园内的花草树木提供了相对稳定的水源。

与地质和地下水特征相辅相成的是该地区的地下水质量。多年的监测数据表明,大运河文化公园地下水的水质优良,主要得益于该区域土地的泥质和砂质黄土层的过滤作用。这使公园内的水源更加清澈透明,并且符合供水标准。因此,在景观设计过程中,可以充分利用地下水资源,打造以水为主题的景观元素,如喷泉、湖泊、水上运动设施等,进一步丰富公园的景观魅力和互动性。

大运河文化公园的地质地下水特征为该地区的自然环境提供了一定的优势与特色。合理利用这些特征,有助于创造出独具特色的景观设计,为游客提供宜人的环境并带来难忘的体验。

二、大运河文化公园的生态环境

(一)生态系统结构

生态系统结构包括物种组成、生物多样性、生态位利用等方面的特征。通过对该公园的观察和研究,可以发现其生态系统结构呈现出以下几个主要特征。

大运河文化公园的生态系统由丰富的物种组成。在公园内可以找到各类植物和动物资源,包括树木、灌木、花草等各类植被以及鸟类、昆虫、鱼类等各类动物。这些物种的存在和互动构成了一个完整的生态系统,为公园的生态环境增添了色彩。

大运河文化公园的生态系统具有较高的生物多样性。生物多样性是指一个区域内生物物种的丰富程度。在公园内,不仅有常见的植物和动物,还存在一些珍稀濒危的物种。这些物种的存在丰富了公园的生物多样性,也为生态系统的稳定性和可持续性提供了保障。

大运河文化公园的生态系统中物种之间存在着明显的生态位差异和互利共生的关系。不同物种在公园内占据着不同的生态位置,根据各自的特性和适应能力与其他物种相互影响和依存。这种互利共生的关系对于维持生态系统的平衡和稳定至关重要,也使公园具有独特的生态环境特征。

大运河文化公园还注重生态环境的保护和管理。通过科学、合理的规划和管理措施,公园保护了物种的栖息地,保障了生态系统的完整性和稳定性。例如,设置保护区域、限制开放时间、加强宣传教育等措施,可以促进公园的可持续发展和生态环境的保护。

(二)植物群落特征

1. 植物群落具有多样性

专家经过调查研究,发现公园内涵盖了不同层次和类型的植被。这些植物包括乔木、灌木、草本植物等。植物的多样性为公园提供了丰富的生态资源,也为游客提供了多样的景观和观赏价值。

2. 植物群落的分布具有区域性差异

在公园的不同区域,可以观察到不同类型的植物群落分布。例如,湿地区域主要生长着芦苇、菖蒲等湿生植物,形成了独特的湿地植被群落。而在园区中心的花卉展示区,各种花卉植物被组织成美丽的花坛,为游客提供了欣赏空间。

3.植物群落的动态变化

随着季节的更迭,不同植物群落的生长情况也会发生变化。春季,公园内的植被逐渐苏醒,各种花卉开始绽放,给人们带来了一片绚丽的景象。而进入夏季,绿意盎然的树木和草坪成为人们乘凉避暑的好去处。秋季的公园,则是彩叶飘飞,给人们带来一种浓郁的秋意。

4.植物群落的保护

公园管理部门采取了一系列的措施,包括定期修剪、病虫害防治、生态恢复等,以保持植物群落的稳定和健康发展。同时,加强关于植物群落保护的宣传以及对公众的教育,提高人们的环保意识和保护植物的意识,是植物群落保护的必要手段。

(三)动物资源特征

在大运河文化公园的生态环境中,人们可以观察到许多种类的动物。鸟类是其中的重要组成部分,不仅有常见的麻雀、喜鹊等小型鸟类,还有一些珍稀的鸟类,如白鹤、白鹭等。这些鸟类在公园内的湖泊、河道以及绿化带中繁衍生息,为公园增添了一抹自然的色彩。此外,公园中还有许多种类的昆虫,如蝴蝶、蜜蜂等,它们在花丛中活动,展示着生态系统的多样性。

除了鸟类和昆虫,大运河文化公园还有一些陆生动物。例如,公园中常常可以看到松鼠、刺猬等动物,它们在公园的树林中活动,为游客带来一些乐趣。此外,公园中的水域也有着丰富的动物资源,例如鱼类、蛙类等。这些动物在水中自由自在地游弋着,是公园水域生态系统中的一个重要组成部分。

要保护这些动物资源,必须关注它们的生存环境。大运河文化公园在动物资源保护方面也进行了一系列的举措。公园重视树木和植被的保护,这为动物提供了栖息和觅食的场所。公园开展了动物保护教育,引导游客正确对待动物,尊重野生动物的生存空间。公园还加强了水域管理,保持水质的清洁和透明,确保水中动物的生存状况良好。

大运河文化公园作为一个拥有丰富动物资源的公园,为游客带来了观赏的乐趣。通过合理管理和执行相关保护措施,可以保护大运河文化公园的动物资源,同时呈现给游客和谐的生态环境。

三、大运河文化公园的景观设计

(一)历史文化景观设计

历史文化景观设计注重保护和修复大运河沿线的历史建筑和文物。在设计过程中,要尊重古代建筑的原有风貌和风格,最大程度地保留原有构造和材料。对已经严重损毁的建筑,设计师应根据历史文献和考古发现,进行准确的复原和重建,使之恢复到历史时期的原貌。

历史文化景观设计注重运用文物资源,展示大运河的历史文化内涵。设计师可以在公园中设置文物展示馆或文化长廊,通过展示历史时期的物品、图片、文字等,向游客介绍大运河的历史沿革、文化传承和重要事件。设计师也可以结合现代科技手段,利用虚拟现实等技术,将历史场景重现,使游客能够真切地感受历史的魅力。

设计师可以通过设计古代水闸、运河码头等景观元素,营造出富有历史感的空间氛围。这些景观元素既与大运河相关联,又融入当代的公园设计理念。巧妙地安排和组织这些景观元素,使游客在公园中漫游时能够感受到历史的厚重与风采。

历史文化景观设计应注重展示大运河的多元文化特征。大运河自古以来就是不同文化和民族交流的重要通道,因此设计师可以在景观设计中融入多样的文化元素。例如,可以设置不同文化村落,展示不同区域的风俗习惯、建筑风格、传统工艺等。这样既能展示大运河的多元文化特点,又能为游客提供多元化的观赏和体验方式。

历史文化景观设计是大运河文化公园景观设计中的核心要素之一。通过保护和修复历史建筑和文物、展示历史文化内涵、融入多元文化元素等手段,设计师能够打造出一个具有浓厚历史氛围和独特魅力的景观空间,吸引更多的游客前来参观、了解大运河的重要地位和文化财富。

(二)自然生态景观设计

为实现公园的生态环境保护和可持续发展,自然生态景观设计起着重要的作用。在该设计中,通过合理的植被配置和生态系统恢复,打造出一个与自然相融合、充满生气的景观。

为了恢复和保护大运河周边地区的生态系统,设计团队进行了充分的研究和调查,确保在景观规划中充分考虑到自然环境的保护需求。在选择植被物种时,注重选择本地特有的植物,以促进当地物种的保护和生态系统的平衡。各种湿地植被如芦苇和香蒲被广泛种植,以提供栖息地和栖息条件给当地的水生生物。

在景观设计中注重营造自然的景观特色。通过合理的地形塑造和湿地恢复,设计师打造出湖泊、水塘和河流等自然水系。这些水体不仅提供了美观的景观,还为公园内的植被和动物提供了生存的条件。设计团队还建立了自然保护区和野生动物观察区,供游客近距离观察和了解当地的自然生态环境。

设计团队还注重在景观中体现生态恢复和可持续发展的理念。通过采用雨水收集系统和太阳能等可再生能源设施,公园的自然生态景观得以维持和优化。同时,推广使用环保材料和节能设备,减少对环境的负面影响。这些措施不仅提高了公园自身的可持续性,也提高了游客的环保意识。

(三)人工景观设计

人工景观设计与历史文化景观设计和自然生态景观设计相辅相成,共同构建了大运河文化公园独特的景观魅力。下面将从人工景观元素的选择、布局与组合及景观设计方法和技术方面,探讨大运河文化公园人工景观设计的特点和意义。

在人工景观元素的选择上,设计师通过充分了解大运河文化公园的历史背景和文化内涵,选择与之相符的人工景观元素,以展示历史的延续和文化的传承。例如,在运河两岸,设计师可以设置具有历史特色的建筑物,如仿古建筑、传统建筑等,以营造浓厚的历史氛围。同时,人工景观元素的选择要考虑与自然景观的协调,以便营造出一个和谐统一的景观空间。

在人工景观元素的布局与组合上,设计师需要根据大运河文化公园的地理特征和空间布局,将各种人工景观元素有机地融入其中,形成一个具有张力和层次感的景观序列。例如,在大运河文化公园的入口处,设计师可以设置一座宏伟的城门,以突出公园的重要性和特色。而在公园内部,可以设置各种雕塑、亭台等人工景观元素,以形成一个丰富多样的景观空间。

在人工景观设计方法和技术方面,设计师通常采用图纸设计、模型设计和计算机辅助设计等手段,以保证设计方案的准确性和可行性。图纸设计可以帮助设计师将创意转化成具体的设计方案,包括平面布局、立面设计、构造细节等。模型设计则可以帮助设计师直观地展示景观设计效果,以便更好地理解和评估。计算机辅助设计为设计师提供了强大的设计工具和技术支持,使设计师能够更加精确和高效地进行景观设计。

第三章 大运河文化公园数字化建设的规划与设计

第一节 大运河文化公园数字化建设的总体规划

一、大运河文化公园数字化建设的目标与原则

（一）目标设定

目标是任何项目或计划的核心,为了确保大运河文化公园数字化建设能够取得成功,需要明确具体的目标。在目标设定阶段,将基于以下四个方面来确定目标。

1. 与公园整体发展战略相一致

公园作为一个文化遗产和旅游景点,数字化建设的目标应当是为了更好地保护和传承大运河文化,提升公园的知名度和吸引力,进一步推动公园的可持续发展。

2. 关注数字化建设的创新和应用

数字化技术正在快速发展,为公园的管理、展示和服务提供了更多的可能性。因此,数字化建设的目标应当包括利用数字化技术创新展示手段,提升公园的互动性和体验性,为游客提供更丰富多样的文化体验。

3. 考虑数字化建设的可行性和可持续性

数字化建设需要投入大量的资源和精力,因此在目标设定时需要考虑资源

的适度调配和综合利用。还需制定详细的时间表和阶段性目标,以确保数字化建设能够按计划顺利进行。

4. 风险防范与应对

数字化建设不可避免地会面临各种风险,如技术风险、安全隐患等。在设定目标时,应当考虑并制定相应的风险防范策略和应对措施,以保障数字化建设的顺利进行。

(二)原则遵循

1. 始终坚持以用户为中心的原则

需要明确认识到,大运河文化公园数字化建设的最终目标是为广大公众提供便捷、丰富、互动的文化体验。因此,在制定和实施各项策略和方案时,应该始终将用户需求放在首位,以满足他们对文化公园数字化的期待。

2. 积极倡导创新和协作的原则

数字化建设是一个充满挑战性和变化的过程,相关人员要善于创新思考,借鉴先进的技术和管理经验,推动数字化建设在技术、服务等方面不断迭代更新。同时,鼓励各相关部门和机构之间的协作,共同推动大运河文化公园数字化建设进程,实现资源的共享和优势互补。

3. 坚守数据安全与隐私保护的原则

数字化建设过程中,大量的用户信息和文化资源将被收集和存储。人们深知数据安全和隐私保护的重要性,因此,在技术和管理层面,应加强数据安全管理和风险评估,确保用户信息受到有效的保护,并通过法律措施保障用户隐私权益。

4. 坚持可持续发展和社会责任的原则

数字化建设不仅是为了满足当前的需求,还要考虑长期发展的可持续性。

相关人员在文化公园数字化建设的过程中,要注重环保和资源节约等问题,并承担起推动区域、社会经济发展的责任。

5. 践行公平和公正的原则

数字化建设涉及多个利益相关方,相关人员应坚决反对一切不公正的行为,保证在资源整合和利用的过程中,合理分配公共资源,确保各方的权益得到充分尊重和保护。

二、大运河文化公园数字化建设的阶段与时间表

(一)阶段划分

在大运河文化公园数字化建设过程中,为了有序开展工作并有效掌控整个项目进展,应将整个建设过程划分为不同的阶段。每个阶段都具有明确的任务和目标,以及相应的时间安排,旨在确保项目的顺利推进。

1. 需求调研与分析

在该阶段,将深入开展需求调研工作,与相关部门和机构进行广泛沟通和合作,了解大运河文化公园数字化建设的需求和目标。同时,相关人员将对现有的资源和基础设施进行评估和分析,为后续工作提供有力支撑。该阶段的时间安排为两个月,从调研开始到分析报告的提交为止。

2. 方案设计与规划

在需求调研与分析的基础上,将制定数字化建设的详细方案和规划。这包括确定所需的技术、设备和系统,设计用户界面和功能模块,制定数据管理与安全策略等。该阶段的工作需要精细化和反复验证,以确保方案符合大运河文化公园的实际需求和发展方向。时间安排为三个月,包括方案设计、内部评审和修改等环节。

3. 原型制作与测试

在方案设计与规划完成后,相关人员将根据设计方案制作数字化建设的原型模型。通过原型模型的制作和测试,可以发现并修正存在的问题,同时确保系统的稳定性和可用性。该阶段需要进行多次迭代和优化,以达到最终的预期效果。时间安排为四个月,包括原型制作、测试、修改和再测试等环节。

4. 正式建设与上线运行

在经过原型制作与测试后,确信系统能够满足需求并达到预期效果时,将开始正式的建设。这包括开发和实施各功能模块、进行数据迁移和整合,以及系统优化和性能调试等工作。在确保系统稳定可靠后,相关人员将进行上线运行,并进行系统验收和用户培训。时间安排为六个月,包括正式建设、上线运行和后期维护等阶段。

(二)时间安排

合理的时间安排可以确保工作按部就班,保证各项任务的顺利完成。以下将详细介绍大运河文化公园数字化建设的时间安排。将数字化建设的时间划分为三个阶段:前期准备阶段、实施阶段和后期运营阶段。每个阶段都有不同的重点任务和时间要求,以确保整个数字化建设项目的顺利进行。

在前期准备阶段,将进行详细的项目规划和需求分析工作。这个阶段通常需要 3 个月左右的时间,以确保充分了解项目的需求和目标,并制订相应的计划。

实施阶段是整个数字化建设的核心阶段,也是最为复杂的阶段。此时,将根据前期规划的方案,进行系统的开发、测试和部署工作。这个阶段一般需要 6 个月到 1 年的时间,具体的时间安排会根据项目的规模和复杂程度进行灵活调整。

后期运营阶段是数字化建设项目的延续和巩固,需要持续进行系统的维护和优化工作。相关人员将建立完善的运营机制,以确保数字化系统的稳定运行和不断提升。这个阶段通常会持续数年,以确保充分发挥数字化系统的价值和效益。

除了以上三个阶段的时间安排,还将根据具体的任务和里程碑,进一步划分每个阶段的时间节点。制订明确的时间计划,可以及时监控工作进展,确保项目的进度和质量都能符合预期。

三、大运河文化公园数字化建设的资源整合与利用

(一)资源识别与整合

资源识别是指对文化公园内的各种文化遗产、文物、建筑、景观等各类资源进行系统的辨识和分类。这个过程需要借助专业的人员和技术手段进行,可以通过遥感影像分析、文献梳理和实地调研等方式来获取相关信息。还可以借助现代技术手段,如无人机航拍、三维扫描等技术,对资源进行全方位的获取和记录。

资源整合是指将不同部门、不同形式的资源进行有机融合和协同利用。大运河文化公园拥有丰富的历史文化资源、自然景观资源以及现代科技资源等多元化的资源。整合这些资源,可以实现数字化展示、互动体验、教育宣传等多种功能。例如,将文物、建筑的三维模型与历史照片、资料进行关联,形成一个虚拟的遗产展示平台;利用虚拟现实技术,将历史场景重现,让游客有身临其境的感受。

资源的识别和整合需要遵循一定的原则。一是全面性原则,即要确保对文化公园内各类资源的全面覆盖和识别,不偏废,不遗漏。二是权威性原则,即资源的识别和整合要以专业的评估和认证为基础,确保资源的准确性和真实性。三是保护原则,即对文化遗产资源进行保护和合理利用,不能对其造成破坏和损失。

(二)数字化工具的选择与利用

相关人员需要对当前市场上的数字化工具进行广泛调研和比较。不同的工

具具有各自的特点和优势,需要根据实际需求和项目的特点来选择最适合的工具。在选择数字化工具时,应该考虑以下几个因素:功能完备性、易用性、可扩展性和兼容性。只有在这些方面都能得到满足的工具,才能更好地支持大运河文化公园的数字化建设。

选择工具之后,需要对其进行合理的利用。数字化工具应该被视为一种辅助手段,能够提高工作效率和信息处理能力。为了充分利用数字化工具,相关人员需要接受充分的培训,提升技能。通过有效的培训,工作人员可以熟练掌握数字化工具的操作规范,提高工作效率并减少出错率。

数字化工具的选择与利用需要考虑与其他系统的集成。在大运河文化公园数字化建设中,可能会存在多个系统之间的数据交互和信息共享需求。因此,数字化工具的选择和利用应该具备良好的兼容性和接口能力,以便与其他系统进行无缝集成。这样一来,各个系统之间的信息流动和数据传递将更加方便和高效。

数字化工具的选择与利用需要持续进行更新和优化。随着科技的不断发展和变革,新的数字化工具将不断涌现。因此,应该密切关注市场动态,并及时对现有工具进行更新和优化。只有保持与时俱进,才能更好地满足大运河文化公园数字化建设的需求。

(三)多元化资源的融合与利用

资源的融合是指将不同类型的资源进行有机结合,形成综合性的数字化展示平台。在大运河文化公园的数字化建设中,需要借助现代技术手段,将传统文化遗产与数字化信息相结合,将文物、古迹、文献等实体资源数字化,并整合网络、多媒体、虚拟现实等技术手段,实现对文化资源的多维度呈现。例如,通过虚拟现实技术,游客可以身临其境地感受大运河的历史风貌,从而增强参与感。

资源的利用是指将融合的资源应用于大运河文化公园的展示和传播等方面。通过数字化工具的支持,可以设计与开展各类互动体验活动,吸引游客的关注与参与。例如,利用移动应用程序,为游客提供导览、活动信息发布等服务,提高游客的便利程度。同时,数字化工具可以用于教育传达,通过数字媒体展示,向广大游客普及大运河的历史文化,提高其文化认同感和参与意识。

多元化资源的融合与利用也需要依托有效的人力资源和社会参与机制。需要培养专业的技术团队,负责资源的整合和管理。同时,可以积极吸引社会力量和市民的加入,通过合作伙伴、志愿者服务等形式,扩大资源的范围和影响。通过与文化机构、学术界、企业等合作,实现资源的共享与互补。

在大运河文化公园数字化建设中,多元化资源的融合与利用是保障数字化展示效果和用户体验的重要条件。只有充分挖掘和利用各种资源,才能丰富公园的文化内涵,提升公园的吸引力和影响力。因此,相关人员需要加强资源的识别与整合工作,选择合适的数字化工具并善加利用,注重资源的持续更新与优化,以实现数字化建设目标的最大化效益。

四、大运河文化公园数字化建设的风险防范与应对

(一)风险识别与预警

及时、准确地识别潜在风险,并能够提前预警,可以有效降低风险对项目进展和成果的不利影响。

1. 需要从项目整体的角度进行风险识别

风险识别包括对整个数字化建设过程中可能出现的技术、人力、资金、合作等方面的风险进行全面分析。与专业团队合作,可以对每个环节进行仔细评估,找出潜在的风险点。

2. 需要关注具体环节的风险

在技术方面,可能存在系统漏洞、数据泄露等风险;在人力方面,可能存在关键人员离职、人员培训不到位等风险。深入了解每个环节的特点,可以更加准确地识别其中可能存在的风险。

3.建立有效的风险预警机制

这需要根据项目实际情况,建立起科学、灵活的风险预警指标体系。这些指标可以是项目进度、技术指标、质量标准等方面的指标,定期监测和分析这些指标,可以及早发现风险并作出应对措施。

4.风险识别与预警需要全员参与

项目团队成员和利益相关者都应该参与到风险识别与预警的工作中。通过分享各自的经验,可以全面、及时地发现风险,并及时采取相应的措施进行应对。

5.需要建立良好的沟通与协作机制

沟通与协作机制包括在风险识别与预警中,要及时与相关部门和合作伙伴进行沟通交流,及时共享信息和解决问题。只有通过良好的沟通与协作,才能更好地应对风险,保证项目的顺利推进。

(二)防范措施的设定

1.进行全面的风险识别和评估

对大运河文化公园数字化建设全过程的梳理和分析,能够明确当前所面临的潜在风险,包括技术风险、安全风险、经济风险等。在此基础上,还需要进行风险的分类和评级,以便为后续设定防范措施提供指导。

2.制定相应的防范策略和措施

这些策略和措施需要考虑到不同风险的特点和可能的影响程度。例如,对于技术风险,可能需要加强系统的备份与恢复能力;对于安全风险,可能需要加强数据的加密与权限管理。相关人员还需要明确责任人和相关部门,确保防范措施的有效实施。

3. 考虑技术的发展和变化

数字化建设领域的新技术和新趋势层出不穷,需要及时更新和调整防范措施,以适应不断变化的风险环境。同时,要加强与相关专业机构和企业的合作,共同研究和探索新的防范手段和技术,提升防范能力。

4. 建立健全应急响应机制

无论多完善的防范措施,都不能完全排除潜在风险的发生。因此,必须预先制定应对方案,并有能力及时应对各类突发情况。这包括建立应急联系渠道、培训应急处理人员、制定应急预案等,以保障数字化建设的安全与稳定。

(三)应对机制的建立

1. 建立清晰的问题识别与分析机制

在数字化建设过程中,可能出现各种问题,如网络安全风险、技术故障、数据泄露等。为了及时发现和解决这些问题,需要建立一套有效的问题识别与分析机制,以便迅速采取相应的措施。

2. 加强风险预警与监测

引入专业的风险评估与监测工具,可以实时监控数字化建设过程中可能出现的风险,并进行预警。这样可以在风险发生之前就进行应对和调整,最大限度地降低损失和减少影响。

3. 制定明确的风险控制与应急预案

针对不同的风险类型,需要制定相应的风险控制措施,并制定应急预案,以应对突发状况。例如,对于网络安全风险,可以加强防火墙设置,建立监测系统,同时配备应急响应团队,随时应对可能发生的网络攻击。

4.建立健全协调机制与沟通渠道

数字化建设涉及多个部门和各方利益相关者的合作与协调。因此,建立良好的沟通渠道和协调机制,可以促进信息的共享,提高应对风险的效率和准确性。定期召开沟通会议、共享工作报告等,可以使各方及时了解风险防范和应对情况,以便采取相应的行动或做出及时的调整。

5.建立持续改进与学习机制

数字化建设是一个不断发展和演进的过程。相关人员需要不断总结经验,吸取教训,不断改进和优化应对机制。通过定期的回顾与评估,可以发现不足和改进的空间,进一步提高数字化建设的风险防范与应对能力。

第二节 大运河文化公园数字化建设的空间布局与功能分区

一、大运河文化公园数字化建设的空间规划方法

(一)空间规划理论

空间规划的概念与原则对于大运河文化公园数字化建设具有重要意义。空间规划是指对一个特定区域的现状及未来发展进行科学分析和综合研究,从而确定合理的空间布局与利用方式。大运河文化公园数字化建设需要遵循一些基本原则,如保护历史文化遗产、提升景观品质、实现资源优化配置等,以满足人们对于文化休闲、学习、娱乐等的多样化需求。

空间规划的步骤与方法是指在实际操作中,通过科学的规划过程来实现数字化建设目标。一般而言,空间规划的步骤包括问题识别、目标设定、方案设计、

实施与监控等。在大运河文化公园的数字化建设中,需要结合空间规划的实践经验,采用适当的方法,如层次分析法、扩展阶梯分析法等,以辅助决策制定和规划设计,确保数字化建设方案的合理性和可行性。

数字化建设在空间规划中的应用对于大运河文化公园的发展有着重要意义。数字化建设是指利用信息技术手段,对公园的功能、设施、资源等进行智能化管理和优化配置。通过数字化建设,可以实现公园环境监测与管理、游客服务与导航、文化活动与展示等方面的创新和提升。在空间规划中,需要考虑数字化技术的应用,以增强公园的信息化水平,提高空间资源的利用效率。

空间规划理论在大运河文化公园数字化建设中具有重要作用。通过深入研究空间规划的概念与原则,运用科学的规划步骤与方法,结合数字化建设的应用,可以有效地推动大运河文化公园数字化建设的空间规划工作。这将为公园的功能分区规划与设计、重点设施布局与建设以及环境保护与生态修复等方面的工作提供有力支持。

(二)数字化建设策略

数字化建设策略的制定旨在最大程度地发挥数字技术的优势,提升公园的功能,以满足游客的需求和期待。

数字化建设策略应注重提高公园的可访问性和便捷性。引入先进的信息技术,使游客能够方便地获取与公园有关的各类信息,如导览、活动安排、特色景观等。这一策略的实施可以使游客更加便捷地了解公园的历史文化与布局信息,进一步方便游客安排行程。

数字化建设策略应聚焦于提升游客的互动参与体验。数字技术的应用,可以为游客提供更加丰富多样的互动体验,如增设数字互动展览、丰富虚拟现实体验等。这些互动元素不仅使游客对公园的认知更为深入,还增强了他们的参与感与互动感,促进了游客对公园文化的积极体验与传播。

数字化建设应注重创新展示手段的应用。借助数字技术的创新运用,可以展示公园独特的历史文化魅力。例如,利用虚拟现实技术,游客可以身临其境地感受大运河的历史场景,了解过去的繁华与风光。数字化建设还可以结合多种艺术形式,如音乐、舞蹈、影像等,打造沉浸式的文化体验,让游客在欣赏文化之余,也能获得艺术享受。

数字化建设策略还应充分利用大数据分析技术,进行智能化管理。通过应用大数据分析,公园可以实时监测游客的行为与需求,精确推送相关信息。同时,对数据进行分析,可以了解游客的偏好与兴趣,为游客提供个性化的服务与体验。这一策略的实施不仅提升了公园的运营效率,还提高了游客的满意度与忠诚度。

二、大运河文化公园数字化建设的功能分区规划与设计

(一)功能分区规划原则

在大运河文化公园的数字化建设中,功能分区规划是确保公园各项功能有序应用的基础。功能分区规划的核心是合理划分公园空间,使每个功能区域具备各自的特色和定位,以满足不同用户的需求和期望。

1. 应遵循空间组织与用户便利性原则

公园空间应具有良好的连通性和可达性,方便游客到达不同的功能区域。例如,景观公园区域应与文化展示区域相连,便于游客在欣赏美景的同时了解文化内涵。此外,公园内部应设置合理的步道、交通导向标识等设施,确保游客能够方便地在不同功能区域间移动。

2. 应考虑不同活动需求和文化内涵

公园作为一个多功能的休闲空间,应满足各类不同用户的需求和喜好。例如,在音乐广场区域,应提供足够的场地和设施,举办音乐会、演出等活动;而自

然保护区应注重生态环境的保护与修复,为喜欢观鸟、亲近自然的游客提供宜人的环境。同时,不同的功能区域均应注重展示和传承大运河文化的内涵,例如,在文化展示区域中可以设置博物馆、展览馆等,展示大运河的历史、文化和艺术品。

3. 应注重空间合理利用与景观营造

公园空间的有限性要求设计师充分利用每一寸土地,最大限度地满足各项功能需求。例如,可以合理布局多功能广场,既满足了众多大型活动的需求,又节省了空间资源。同时,景观营造是功能分区规划的重要内容。可以通过合理选择植物种类、配置景观设施等方式,打造不同功能区域的独特景观,提升公园的整体品质和吸引力。

(二)设计技术与方法

设计师需要进行综合分析和评估,包括对城市发展的需求、文化特色、历史遗产等方面进行调查和研究。这些信息将成为制定功能分区规划的依据。例如,如果公园所在地区具有独特的文化遗产,可以将其作为重要的功能分区,打造成具有历史文化内涵的景区。

设计师需要运用现代技术手段进行空间优化和布局设计。使用计算机辅助设计软件,可以对公园的空间进行三维模拟和分析,以确定最佳的功能分区划分方式。同时,技术手段能够实现对公园内各种设施和景观元素的精确定位和布置,从而实现整体的美观性和可持续性。

设计师需要考虑公园的可达性和流线性。设置合理的路径和步行系统,使游客能够便捷地在不同的功能分区间移动,并且能够顺畅地参观各个重要景点。在设计过程中,还要注意人行道与非机动车道的分离,确保游客的安全。

利用现代智能化技术,可以将数字技术与公园的功能分区相结合,实现信息传播。例如,可以在各个分区设置数字展示屏,用于展示相关的历史文化信息、导览服务等,使游客能够更好地了解公园的历史文化内涵。

设计师需要在设计中加入灵活性和可调节性的要素。公园的功能分区规划应具有一定的弹性,以适应未来的发展和变化。功能分区的规划设计可以预留一些空间,用于未来新增或调整功能区域,从而保持公园的活力和持久性。

功能分区的规划与设计需要运用多种技术与方法,包括综合分析与评估、现代技术手段、可达性与流线性考虑、智能化技术应用等,以确保大运河文化公园数字化建设的空间布局和功能分区的合理性与完善性。这些设计技术与方法的运用将为公园的发展和管理提供有力的支持。

(三)功能分区示例

在大运河文化公园数字化建设的功能分区规划与设计中,需要充分考虑公园的整体布局和区域划分,以实现对各个功能区的合理利用。以下将以实例介绍功能分区的划分与设计。可将公园划分为三个主要功能分区:文化展示区、休闲娱乐区和生态保护区。

文化展示区是公园的核心区域,主要用于展示大运河文化的历史和演变过程。在这个区域内,将建设一系列的文化展示板块,如文物陈列馆、博物馆和主题展示场所;还将设置互动体验区和演艺场所,让游客更好地了解和体验大运河文化。

休闲娱乐区是公园中供人们休闲放松的场所。将在此区域规划建设一些游乐设施,如游乐园和儿童乐园,以满足不同年龄段游客的需求。此外,还将设置绿地和花坛,供人们活动和观赏花卉等。在设计休闲娱乐区时,设计师应注重功能与美观的结合,力求打造舒适宜人的环境。

生态保护区是公园中非常重要的功能分区。生态保护区将保留部分自然环境,尽量减少人工干预,保护和恢复生态系统。在这个区域内规划建设生态湿地、植物园和自然保护区,以保护生物多样性和生态平衡。在生态保护区的规划设计中,设计师应注重景观与生态的融合,打造一个生态友好型公园。

三、大运河文化公园数字化建设的重点设施布局与建设

(一) 设施布局原则

1. 功能分区原则

根据公园的整体规划和功能定位,将不同类型的设施划分为相应的功能分区。例如,可以设置游乐区、休闲区、文化交流区、生态保护区等,以满足不同人群的需求。

2. 空间布局原则

在功能分区的基础上,要合理安排设施的空间布局,使各个设施之间相互配合、协调有序。合理的空间布局,能够提供优质的服务,方便游客出行和参观。

3. 景观融合原则

设施布局应与公园的自然环境和文化特色相融合。结合大运河文化公园的历史文化底蕴,可以在设施布局中融入相关的文化元素和景观设计,营造独特的氛围。

4. 可持续发展原则

设施布局需要考虑公园的可持续发展。例如,可以采用可再生能源供电、雨水收集利用等环保措施,减少对环境造成的影响。此外,还可以设置绿色通道,鼓励公共交通,减少私家车辆造成的拥堵。

5. 参与度与互动性原则

设施布局要考虑到游客的参与度和互动性,为游客提供丰富多样的活动。

例如,可以设置互动展示区、体验区、教育培训区等,鼓励游客积极参与文化活动,增加互动交流的机会。

6.安全和便利性原则

设施布局要注重游客的安全和便利。设施与设施之间的距离宜适中,设置合理的通道和交通导引系统,确保游客可以安全便捷地参观。此外,还要考虑到老年人和残障人士的特殊需求,提供无障碍设施和便利服务。

(二)设施建设技术

设施建设技术旨在提供先进、可持续、便利的设施,以满足游客的需求,并为其提供舒适、安全的体验环境。

大运河文化公园的设施建设,设计师采用了现代化的建筑设计和施工技术。借助最新的 CAD(计算机辅助设计)和 BIM 技术,能够进行精确的空间规划和设施布局。这些技术不仅能够提高设计效率,还能够减少施工中的错误和争议,确保项目顺利进行。

注重选择和使用可持续发展的建材和设备。大运河文化公园的设施建设,应尽可能选用环保、节能的建材,如可再生材料、低碳材料等。还可以引入节能的照明设备和智能化的控制系统,以降低能耗并提高设施的使用效率。

应注重将先进的科技应用于设施建设中。例如,在公园内部使用无线网络和智能导览系统,游客可以通过手机应用或其他设备获取公园的信息,获得了更加便利的参观体验。同时,为了保障设施的安全性,应使用视频监控、智能安防等技术手段。

在设施建设实践方面,需要严格按照相关标准和规范进行施工和验收。与专业的建筑设计院所、施工单位紧密合作,采用科学的工艺技术,确保设施的质量和安全。同时,注重设施的维护和保养,定期进行巡检和维修,以确保设施的正常使用和寿命。

（三）设施建设实践

设施建设实践应采取注重保护与传承的原则。大运河文化公园是一个融合了历史文化与现代科技的综合性公园,因此在设施建设中应注重对历史文化元素的保护与传承。例如,在历史文化遗址上规划建设的设施,应充分考虑其历史价值和风貌特点,尽量保持原建筑外观和结构。同时加强设施保护工作,确保其长期可持续发展。

设施建设实践应注重与周边社区的合作与共赢。大运河文化公园所在地的周边社区是重要的受益方,因此需要与社区居民进行广泛的沟通与合作。在设施建设过程中,充分听取社区居民的意见与建议,并在设计中考虑他们的需求,以确保公园设施能够为周边居民提供方便与福利。同时要积极与社区共享资源并开展文化活动,促进文化交流与共同发展,实现共赢。

设施建设实践应注重科技创新与体验互动的结合。作为一个数字化建设的文化公园,在设施建设中要充分应用科技创新成果。通过智能化设备、虚拟现实等技术手段,打造更具互动性和参与感的公园设施。例如,在主题展览馆中,可以利用先进的科技手段为游客呈现更生动、更有趣的展览内容,使参观者可以更深入地了解大运河文化的丰富内涵。

第三节　大运河文化公园数字化建设的技术方案与设备选型

一、大运河文化公园数字化建设的技术需求分析与梳理

（一）对现有设施的技术需求分析

通过系统的分析,能够更好地理解现有设施的技术状况,为接下来的技术架

构设计与搭建、设备选型与采购以及技术实施与测试提供有力支撑。

对于现有的设施,需要对其硬件设备进行全面调查和评估。这包括对各类设备的型号、规格以及性能进行清楚的了解。例如,对于显示屏幕等显示设备,需要考察其分辨率、刷新率以及显示效果等方面的性能指标,以确定是否需要进行升级或更换。对于网络设备,也需要进行详细的调查,包括网络带宽、协议支持以及安全性等方面的评估。

在技术需求分析的过程中,需要考虑连接和集成问题。现有设施往往来自不同的供应商或不同的技术平台,在数字化建设过程中,需要将这些设施进行有效的连接和集成,实现信息和数据的共享与交互。因此,在技术需求分析中,需要对设施之间的接口约定、协议兼容性以及数据格式等问题进行细致的研究和规划。

在技术需求分析中,需要考虑设施的维护和管理问题。数字化建设带来的新技术、新设备也需要相应的管理和维护。这包括设备定期维护、检修以及故障排除等方面的工作。还需要规划设施的后续升级和更新计划,以保证数字化建设的持续发展。

对现有设施的技术需求分析是大运河文化公园数字化建设过程中的重要一环。对硬件设备、连接和集成及维护管理等方面的细致分析,能够为后续的技术架构设计与搭建、设备选型与采购以及技术实施与测试提供有力支持,从而确保数字化建设的顺利推进和成功落地。

(二)对未来发展的技术需求预测

随着信息化的快速发展,大运河文化公园数字化建设必然离不开先进的信息技术支持。未来,公园与游客之间的互动将更加智能化和个性化。例如,通过人工智能和大数据分析,公园可以根据游客的兴趣偏好,为他们提供个性化的导览服务和推荐活动。智能化的安防系统和智慧停车系统也将成为未来公园数字化建设的重要组成部分。

虚拟现实和增强现实技术将在未来的公园建设中发挥重要作用。借助虚拟现实技术,游客可以身临其境地欣赏大运河的壮丽景色,体验历史文化的魅力。而增强现实技术,能够将现实世界与虚拟元素相结合,为游客带来更加丰富多样的参观体验。这些新兴的技术将为公园带来全新的展示手段和创新互动方式。

　　未来的技术需求包括对数字化设备的不断更新和升级。随着科技的进步和产品的迭代,公园需要密切关注新技术的发展和应用。例如,高清晰度的显示设备、全息投影技术、无线通信设备等都有望成为未来公园建设中的重要需求。而对于设备的选型和采购,需要根据具体的功能和成本指标进行综合评估,确保数字化建设的顺利推进。

　　在技术需求的梳理与整合方面,公园应注重各项技术的融合和协同。建立统一的信息平台和数据共享系统,使不同的技术能够有效地集成与交互,实现资源的共享和信息的流动。此外,还需要考虑与其他相关机构、部门的合作,共同推进大运河文化公园数字化建设的进程。

　　未来发展的技术需求将会包括智能化的信息技术支持、虚拟现实和增强现实技术的应用以及数字化设备的更新与升级。在实际建设中,还需要注意对技术的融合与整合,以及与其他相关机构的合作。这些技术需求将为大运河文化公园数字化建设提供全新的发展机遇和挑战。

(三)技术需求梳理与整合

　　在大运河文化公园数字化建设的过程中,相关人员对现有设施和未来发展的需求进行了详细的技术分析和预测。在这个阶段,需要对各项技术需求进行梳理和整合,以确保数字化建设的顺利进行。

　　第一,针对现有设施的技术需求分析已经完成。通过对现有设施的调查和研究,可以发现,大运河文化公园存在一系列的技术短板。例如,部分设施的信息化程度较低,无法满足现代化的管理和服务需求;部分设施在网络覆盖方面存在盲区,导致信息传输和共享困难。因此,相关人员在技术需求梳理与整合中,将针对这些问题提出相应的解决方案。

第二,对未来发展的技术需求进行了预测和分析。随着时代的进步和科技的发展,大运河文化公园在数字化建设方面将面临新的挑战。例如,随着人工智能、虚拟现实和增强现实等技术的应用,人们对于参观体验和互动性的要求将进一步提高。因此,在技术需求梳理与整合中,应关注这些新兴技术的应用,以提升游客体验和公园的数字化水平。

第三,技术需求梳理与整合将起到关键性作用。在这个阶段,应对现有设施的技术需求和未来发展的技术需求进行归纳和整合,以确保整个数字化建设项目的一致性和完整性。根据需求的紧急程度和重要性,制定优先级和时间规划,以便于后续的技术架构设计和搭建、设备选型和采购、技术实施和测试。

在大运河文化公园数字化建设的技术需求梳理与整合阶段,充分考虑现有设施和未来发展的需求,提出相应的解决方案,并将其整合为一个全面、系统的技术需求清单。这将为后续的项目推进提供明确的指导和保障,确保数字化建设的顺利实施。

二、大运河文化公园数字化建设的技术架构设计与搭建

(一)技术架构设计

大运河文化公园数字化建设技术架构设计需要考虑系统的整体目标和需求。充分了解公园内的文化资源、游客需求以及管理和运营的具体要求,可以确定系统的功能模块和业务流程,从而为技术架构设计奠定基础。

技术架构设计需要考虑系统的可扩展性和可维护性。随着大运河文化公园的发展,系统需要能够在不断变化的需求和技术环境下进行灵活调整和扩展。因此,在技术架构设计中,需要选择合适的技术栈和架构模式,确保系统易于扩展和维护。

大运河文化公园数字化技术架构设计的关键点是数据的管理和交互。公园内的各个子系统需要实现数据的共享和交互,以提供更好的服务和体验。因此,在技术架构设计过程中,需要考虑到数据的存储、传输和处理,选择适合的数据

管理和交互方案。

安全性是大运河文化公园数字化技术架构设计中的重要考虑因素。公园内的各个子系统可能涉及敏感信息或者个人隐私,因此需要采取相应的安全措施来保护数据的安全性。在技术架构设计中,需要考虑到身份认证、数据加密、访问控制等安全机制,确保系统的安全性。

大运河文化公园数字化技术架构设计,需要充分考虑系统的整体目标和需求,选择合适的技术栈和架构模式,确保系统的稳定性、可扩展性和安全性。在设计过程中,需要注重数据的管理和交互,以及系统的可维护性。合理的技术架构设计,可以为大运河文化公园数字化建设提供强有力的技术支持。

(二)技术架构搭建方法

在进行技术架构设计前,需要明确系统的整体目标和业务需求。这将有助于制定技术策略和目标,使架构设计与实际需求相匹配。例如,大运河文化公园数字化系统可能需要提供在线导览、文物展示、活动预约等功能,需要在架构设计中考虑这些功能的实现方式。

技术架构搭建需要建立合理的系统模块和组件结构。可以将系统拆分成若干个独立的模块,每个模块负责特定的功能,然后再将这些模块进行整合。例如,可以将导览模块、文物展示模块、活动预约模块等划分为独立的模块,然后通过统一的接口进行连接和交互。

对于技术架构的选择和配置,需要综合考虑系统的可用性和安全性等方面。例如,可以选择使用微服务架构来实现模块之间的解耦和灵活性,同时利用容器化技术来提高系统的可扩展性和容错性。还要选择适合系统规模和数据处理需求的数据库和存储方案,确保系统的数据存储和访问效率。

在技术架构搭建的实践与优化阶段,需要通过不断的测试和调整来完善系统性能和用户体验。例如,可以使用负载测试工具来模拟用户并发出访问情况,通过监测系统响应时间和资源利用率来评估系统性能,并根据测试结果进行必要的调整与优化。

三、大运河文化公园数字化建设的设备选型与采购

(一)设备选型原则与方法

1. 符合项目需求和目标

在选择设备时,需要充分了解项目的具体需求,包括系统规模、功能需求、性能要求等。只有全面了解项目需求,才能选购适合的设备。例如,如果项目需要支持大量的用户并行访问,那么需要选择具备高性能和可扩展性的设备。

2. 考虑系统的兼容性和互操作性

一个系统通常由多个设备组成,这些设备需要相互配合和协作才能实现系统的功能。因此,在设备选型时,需要考虑设备之间的兼容性和互操作性。选择不同厂家的设备时,还需要注意是否存在兼容性问题。选择兼容性良好的设备,可以降低系统集成和运维的难度。

3. 考虑设备的可靠性和稳定性

设备的可靠性是指设备在工作过程中能够长时间稳定运行的能力。选择可靠性高的设备可以减少系统故障和维修次数,提高系统的稳定性和可用性。稳定性是指设备在工作过程中能够保持稳定性能的能力,不会出现性能波动或崩溃现象。在设备选型时,需要综合考虑设备的质量、厂家的信誉等因素,选择具有良好稳定性的设备。

4. 考虑成本效益

设备的选购需要综合考虑设备的价格、维护费用、运行成本等因素。选择性价比高的设备可以提高项目的投资回报率。在选购设备时,可以进行多家厂家的比较,选择性价比最高的设备。

设备选型需要根据项目需求和目标,考虑系统的兼容性和互操作性,选购可靠性高且稳定性好的设备,并兼顾成本效益。合理进行设备选型,可以为大运河文化公园数字化建设提供坚实的技术支持。

(二)设备采购策略

1. 设备采购原则

在进行大运河文化公园数字化建设的设备采购时,需要遵循一些原则,以确保设备的质量和性能满足项目需求。首先,需充分了解项目需求,明确所需设备的功能和性能要求,以便筛选出合适的设备类型。其次,需要考虑设备的可靠性和稳定性,确保设备能够长期稳定运行,减少维护和故障处理的成本。再次,还需要考虑设备的可扩展性和兼容性,以便将来根据需求进行升级和扩展。最后,还需考虑设备的性价比,综合考虑设备的性能和价格,选择最适合的设备。

2. 设备采购方法

在设备采购过程中,可以采用多种方法来获取设备,如公开招标、询价、邀请竞争性谈判等。公开招标是常用的设备采购方法,通过公开招标可以吸引更多的供应商参与竞标,增加采购的竞争性,有利于获取优质的设备。询价是另一种常用的设备采购方法,可以直接向供应商询价,根据不同供应商的报价和设备质量,选择最合适的供应商。邀请竞争性谈判是在拥有固定数量的供应商名单的情况下,通过谈判和比较不同供应商的方案和价格来确定最终采购的方法。根据具体情况,可以灵活运用不同的采购方法。

3. 设备供应商选择

在设备采购过程中,选择合适的供应商至关重要。首先,需要对供应商进行严格筛选,考查其在该领域的经验、技术实力和供应能力。其次,需要参考供应商的历史业绩和口碑,了解其所提供设备的质量和售后服务。再次,还需考虑供应商的价格和交货期等因素,综合评估后,选择能满足项目需求的供应商。最后,还需与供应商建立良好的合作关系,确保设备的及时供应和售后服务的及时响应。

4.设备验收

采购设备之后,需要进行设备验收工作,以确保所采购的设备符合规定的性能指标和质量要求。设备验收包括对设备的功能和性能进行测试和检查,确保设备的正常运行和性能达标。同时,需参考设备的相关技术文件和供应商的保修承诺,对设备的质量进行评估和判断。如果发现问题或不符合要求的地方,应及时与供应商联系并解决问题。

四、大运河文化公园数字化建设的技术实施与测试

(一)技术实施方案

1.确定技术实施的目标和范围

根据项目的要求和需求,明确数字化建设的目标是提升公园的文化内涵、丰富游客体验和提高管理效率。同时明确实施的范围包括公园内的景点、设施、导览系统、交互式展示等。

2.进行技术资源的调研和评估

在确立了目标和范围后,需要对技术资源进行调研和评估。这包括硬件设备、软件系统、网络基础设施等方面的需求。通过调研和评估,确定需要采购的技术设备类型、规模和性能要求。

3.进行技术实施计划的制订

为确保实施过程的有序进行,需制订详细的技术实施计划。该计划包

括了实施的时间节点、任务分工、资源分配等内容。通过制订计划,能够对整个实施过程进行有效的控制和监督,确保项目按照预定的进度和成果要求进行。

4. 制定技术实施的方法和流程

根据项目的需要,明确技术实施的具体方法和流程。这包括硬件设备的安装与调试、软件系统的部署与配置、网络基础设施的搭建与优化等方面的步骤和要求。通过制定明确的方法和流程,能够确保实施过程的准确性和高效性。

(二)技术实施过程与结果

在前面的章节中已经进行了需求分析和梳理,明确了数字化建设的目标和技术需求。总的来说有两个方面的需求:其一,需要实现景区内各个景点的数字化展示与互动,包括通过虚拟现实技术还原历史场景,提供触摸屏互动设备等;其二,要构建一个全面的信息管理系统,包括景区资源、票务预订、人员管理等功能。

基于以上需求,应确定硬件与软件的选型与采购。在硬件方面,选择高性能的服务器和存储设备,以保证系统的稳定性和可扩展性。在软件方面,使用先进的多媒体展示平台和信息管理系统,以满足数字化展示和管理的需求。为了满足硬件软件选型与采购的要求,要做到以下两个方面。首先,对景区内各个区域进行硬件设施的布置和网络设备的安装。根据景区的布局和需求,合理安排服务器和交换机的位置,确保网络的高可用性和流量的良好管理。其次,进行软件系统的部署和配置。通过对多媒体展示平台和信息管理系统的安装和设置,实现数字化展示和资源管理的功能。

在技术实施过程结束后,数字化建设的各项功能能够正常运行,景区内的数字化展示和资源管理得到了显著提升。用户对于虚拟现实技术和互动设备的体验非常认可,信息管理系统也得到了工作人员的认可。

技术实施过程是大运河文化公园数字化建设中至关重要的一环。应该根据需求分析和梳理制定合理的实施方案,进行硬件和软件的选型与采购,并通过具体的操作和测试确保系统的稳定性和功能的完善。在技术实施的过程中,数字化展示和资源管理获得了明显的提升,为景区内的游客带来了全新的体验。

(三)技术测试与评估

在技术测试方面,需要对系统的功能进行全面的测试,包括对各个模块的功能进行单元测试以及整体功能的集成测试。通过模拟用户操作和异常情况,可以确保系统在各种使用场景下都能正常运行。同时,需要对系统的性能进行评估。通过压力测试、并发测试等手段,可以评估系统在高负载情况下的稳定性和响应速度,以及系统能否满足用户的需求。

除了功能和性能测试,对系统的安全性进行评估也至关重要。在数字化建设中,随着大数据的应用,系统的安全问题变得尤为重要。需要对系统的安全措施进行全面的测试,包括用户身份验证、数据加密、安全漏洞等方面的检测。只有确保系统的安全性,才能保护用户的信息安全和系统的运行稳定。

在技术实施过程中,还需要对系统的可维护性进行评估。这包括系统的模块化设计、代码可读性、易于维护的接口等方面。对系统的维护性进行评估,可以减少后续维护工作的难度和成本,确保系统的可持续发展。

针对技术测试与评估的结果,人们需要进行全面的分析和总结。通过将测试的结果与预期的目标进行比对,可以发现系统存在的问题,并及时采取措施进行改进。同时,根据评估的结果,还可以对系统的优势和潜力进行评估,为后续的系统优化和功能拓展提供参考。

在大运河文化公园数字化建设的技术实施过程中,技术测试与评估是不可或缺的环节。通过全面测试和评估,可以确保系统的稳定性、可靠性和安全性,为实现数字化建设的目标提供有力支持。技术测试与评估还可以为后续的系统迭代升级和功能拓展提供参考,推动大运河文化公园数字化建设迈向更高的层次。

第四章 元宇宙在大运河文化公园数字化建设中的应用

第一节 区块链技术在大运河文化公园数字化建设中的应用

一、区块链技术概述

(一)定义与特性

区块链是一种分布式账本技术,它基于密码学原理和去中心化的网络结构发展而来。区块链技术的核心思想是将数据存储在一个个链接的区块中,并利用密码学技术保障数据的安全性和不可篡改性。区块链具有以下几个基本特性。

首先,区块链是分布式的,这意味着多个参与方可以共同维护和验证数据,不存在中心化的控制机构,从而保证了系统的公平性和透明性。其次,区块链是不可篡改的,每个区块都包含了前一个区块的哈希值,一旦有人试图篡改某个区块的数据,整个链上的所有节点会同时发现,从而确保了数据的完整性。再次,区块链是透明的,每个参与方都可以查看和验证链上的交易记录,这使区块链技术在防止欺诈和追溯商品来源方面具有巨大优势。最后,区块链是高效的,由于每个参与方都有一份完整的账本副本,不需要再进行中心化的数据交换,从而提高了数据交换的效率和速度。

(二)工作原理

区块链的核心概念是去中心化和分布式存储,这使信息可以安全地存储和传输。在区块链中,所有的交易记录被封装成一个个区块,每个区块包含了上一个区块的哈希值和当前区块的交易信息。

区块链中的所有交易记录被打包成一个区块。这些交易信息被加密成哈希值,保证了数据的完整性和安全性。每个区块都包含了上一个区块的哈希值,形成了一个链式的结构。这样做的好处是保证了区块链中的交易是不可逆的,任何窜改都会被立即察觉到。

区块链采用了共识机制来保证对交易的验证和确认。目前最常见的共识机制是工作量证明,即通过计算复杂的数学难题来获得参与验证交易的资格。只有验证成功的节点才能将交易写入区块链,这样可以防止恶意节点对交易记录的窜改。区块链中的每个节点都可以实时验证其他节点的交易记录,确保网络的安全性和一致性。

区块链的工作原理还包括去中心化和分布式存储。传统的中心化系统依赖中心服务器来存储和管理数据,容易成为攻击目标。而区块链采用分布式的方式,将数据存储在网络的每个节点上,每个节点都有完整的数据副本,任何攻击都无法破坏整体的数据完整性。

(三)分类

根据共识机制的不同,区块链可以分为两类:公有链和私有链。公有链是指开放公众可以参与其中的区块链网络。公有链的最典型例子是比特币,由匿名的节点共同验证和记录交易,确保交易的安全性和可信性。私有链则是由特定的实体或组织控制和管理的区块链网络。在私有链中,节点的参与和验证是受限的,一般用于特定的企业内部或联盟组织之间的交易和信息共享。

根据区块链的功能和应用领域的不同,区块链还可以分为货币类区块链、金融类区块链、物联网类区块链、供应链类区块链等。货币类区块链主要用于数字货币的发行和交易,比特币就是典型的货币类区块链。金融类区块链则主要应用于金融行业,如用于证券交易、合约管理和结算等方面。物联网类区块链则将区块链技术与物联网技术相结合,实现设备之间的安全交互和数据共享。供应链类区块链则主要用于提升供应链管理的效率和透明度,确保产品溯源和防伪等。

还可以通过区块链的扩展性将其区分为单链区块链和侧链区块链。单链区块链是指所有的交易和数据都记录在同一个链上,每个区块按顺序连接,形成一个线性的区块链结构。侧链区块链则是指在主链之外,开辟出一条或多条侧链来实现特定的功能。侧链可以与主链进行交互,提高区块链的扩展性和功能性。

二、区块链技术在大运河文化公园数字化建设中的具体应用

(一)数字化资产管理

在大运河文化公园数字化建设中,区块链技术被广泛应用于数字化资产管理。数字化资产管理的核心是将实物资产转化为虚拟形式,通过区块链技术的确权、交易、监管等功能,实现对资产的高效管理和流通。

1. 提供可信的确权机制

通过在区块链中记录和存储资产的权益信息,实现了资产产权的去中心化确认和公开透明。任何用户都可以通过访问区块链上的信息,了解某一资产的所有权归属和转移历史,从而避免了资产归属的争议和纠纷。

2. 提供高效的交易方式

传统资产交易需要通过中介机构的介入来实现资产的转移和过户,过程烦琐且需要付出大量的时间和费用。而区块链技术利用智能合约功能,将交易规则程序化,实现了点对点的资产交易。这不仅大大简化了交易流程,还提高了交易的透明度和可追溯性。

3. 对资产进行有效的监管

通过在区块链中记录和存储资产的相关信息,可以实时监测资产的状态和

流向。同时,区块链技术能够实现对资产的权限控制和审计功能,确保只有具备相应权限的用户才能对资产进行操作,从而增强了资产的安全性和防窜改性。

4. 实现对资产的溯源和追踪

在区块链中记录并存储资产的相关信息,可以追溯资产的来源和历史。这在文化遗产等重要资产的管理中尤为重要,可以避免文物等珍贵资产的流失和伪造。

(二)数据安全保护

区块链技术凭借其分布式、去中心化、不可窜改等特点,为大运河文化公园数字化建设提供了有效的数据安全保护手段。

区块链技术通过分布式存储的方式,将数据存储在多个节点上,而不是集中存储在一个中心化服务器上。这种去中心化的数据存储方式,使数据的损坏或窜改变得极其困难。即使有一个或几个节点遭到攻击,其他的节点仍然可以保持数据的完整性。这种分布式存储的特性,有效地增强了数据的安全性,提高了数据的可信度。

区块链技术的不可窜改性为数据安全提供了保障。每个数据块都包含了前一个数据块的哈希值,如果有人想要窜改数据,则需要同时改变所有后续数据块的哈希值,这是一件非常困难的事情。而且,区块链网络中的节点都会对新的数据块进行验证,一旦发现数据块被窜改,就会拒绝接受该数据块。这样,任何人都不能在未被其他节点验证的情况下窜改数据,保证了数据的安全性和一致性。

区块链技术还可以采用加密算法对数据进行加密保护。通过使用非对称加密算法,只有拥有私钥的用户才能解密和访问数据,确保了数据的机密性。同时,区块链还可以采用基于身份的访问控制机制,只允许特定身份的用户对特定的数据进行访问和操作,从而避免了未经授权的数据访问。

区块链技术在数据安全保护方面也面临一些挑战。由于区块链的去中心化特性,数据的访问和验证速度相对较慢,这对于大运河文化公园数字化建设中对实时性要求较高的数据处理可能会产生一定程度的影响。而且区块链网络中的每个节点都需要存储完整的数据副本,这会占用大量的存储空间。这对于资源有限的环境来说可能会带来一定的挑战。

(三)信息透明与可追溯

在大运河文化公园的数字化建设中,区块链技术的应用可以实现信息的透明性和可追溯性。通过区块链技术,所有参与方都可以查看交易和信息的记录,从而保证了信息的透明性。

1. 确保信息的准确性和完整性

每一笔交易或数据都会被记录在一个区块中,并通过加密算法与前一个区块进行连接,形成一个不可篡改的链条。这就意味着,任何一笔交易都无法被篡改或删除。通过在区块链上存储和共享信息,可以有效地防止信息的伪造和篡改,保护信息的可信度和完整性。

2. 使信息的溯源变得更加容易和可靠

由于每个区块都有唯一的标识符和时间戳,人们可以轻松追溯到每一笔交易或数据的来源和历史记录。这对于大运河文化公园的数字化建设来说,可以提供更加精确和可靠的历史信息和文化遗产的溯源,方便人们了解和研究。

3. 实现信息的共享和公开透明

在大运河文化公园数字化建设中,各个参与方包括政府部门、文化机构、企业和个人等都可以通过区块链共享和查看信息。通过共享信息,各方可以提高互信度,加强合作,并促进公园的文化和旅游资源的整合与优化。

三、区块链技术在大运河文化公园数字化建设中的优势

(一)提高数据安全性

通过去中心化的特性,区块链技术能够防止数据被篡改或者伪造。每次

数据的更改都会被记录在区块链上,并且需要经过共识机制的验证,确保数据的准确性和完整性。这不仅减少了数据被恶意篡改的风险,也提高了数据的可信度。

区块链技术采用的加密算法能够保护数据的机密性。数据在被存储在区块链上之前会进行加密,只有授权的用户才能够解密获取数据。这种方式有效地防止了未经授权的访问和信息泄露,确保了数据的安全性。

由于区块链技术的分布式存储特性,即使某一节点发生故障或者被攻击,其他节点上的数据仍然可以被保留。这种存储方式提高了数据的容错性和抗攻击能力,降低了数据丢失或受损的风险。

在实际应用中,大运河文化公园可以利用区块链技术来确保游客的个人信息安全。将游客的身份信息和交易记录等重要数据存储在区块链上,可以防止黑客或者内部人员的非法获取。同时,游客能够通过区块链系统的透明性,追溯自己的消费记录和服务流程,提升信任感和满意度。

(二)优化信息透明度

在大运河文化公园数字化建设过程中,区块链技术为优化信息透明度提供了有力的支持。传统的信息系统通常存在信息不对称、数据篡改等问题,导致信息的真实性和可信度受到质疑。而区块链技术通过其去中心化、分布式的特点,能够有效地解决这些问题,提升信息透明度。

区块链技术的去中心化特点使所有参与者可以共享完整的信息链,而非依赖于中心服务器的数据校验和存储。每个参与者都能够通过验证网络中的每一个区块,确保其中的交易数据真实且可信。这种分布式的数据验证机制,使得整个信息系统变得透明可靠。

区块链技术还具有不可篡改的特点,确保了信息的真实性和完整性。每个区块中的交易数据都会被加密,并通过哈希函数生成一个唯一的指纹,称为"哈希值"。这些哈希值会按照时间顺序链接起来,形成一个不可篡改的区块链。

一旦有人试图窜改其中的任何一个区块,就会导致整个链条内的哈希值发生变化,从而被及时发现和纠正。这种数据的不可窜改性,极大地提高了信息的透明度,减少了信息造假和窜改的可能性。

　　区块链技术还可以通过智能合约实现信息的自动验证和执行。智能合约是一种基于区块链的计算机程序,该程序能够自动执行合同条款中规定的条件。通过智能合约,大运河文化公园可以在数字化建设过程中,将各类信息和交易规则编程到智能合约中,确保信息的透明和合规性。一旦某个条件不满足,智能合约将自动中止交易,并通知相关方。这种自动验证和执行机制大大提高了信息的透明度和可信度。

(三)增强数据的可追溯性

　　区块链技术通过使用密码学算法保证了数据的不可窜改性。数据的每次修改都会被记录在区块链网络的每个节点上,而且修改后的数据无法删除或窜改。这为大运河文化公园的数字化建设提供了安全可靠的数据存储和传输环境,保证数据的可信度和真实性。例如,大运河文化公园的历史文物信息、游客留影等数据,都可以通过区块链技术进行存储和管理,使其不受窜改和损坏的影响,有效地保护了文化遗产的完整性和真实性。

　　区块链技术的去中心化特点为数据的可追溯性提供了支持。在传统中心化数据管理系统中,数据的来源和流向往往不透明,难以确定数据的真实性和可信度。而区块链技术可以将整个数据交易的过程都记录在区块链上,每个交易的参与方和交易内容都公开可查,使数据的流通路径和历史变更都可被追溯。这为大运河文化公园的数字化建设提供了更加透明和可信的数据管理方式,有助于提升公园管理部门和游客对于数据的信任度。

　　区块链技术还可以通过智能合约等功能增强数据的可追溯性。智能合约是一种自动执行的合约,其执行结果和记录也会被存储在区块链上,可以确保对数据操作的可追溯性。例如,在大运河文化公园的数字化建设中,可以使用智能合约记录和管理游客的门票购买情况、游玩行为,并通过区块链技术保证数据的真实性和可追溯性。这样一来,公园管理部门可以更好地了解游客的需求和行为,优化运营管理,提供更好的服务体验。

区块链技术的引入在大运河文化公园数字化建设中增强了数据的可追溯性。通过保证数据的不可窜改性、提供数据的透明性和智能合约的应用,区块链技术使大运河文化公园的数据管理更加安全、透明和高效,为公园数字化建设提供了可靠的支撑。

四、区块链技术在大运河文化公园数字化建设中的挑战

(一)技术成熟度问题

区块链技术的性能问题是技术成熟度问题中最重要的一个方面。当前的区块链技术在处理大规模交易和数据时仍然面临着性能瓶颈。大运河文化公园的数字化建设涉及的交易和数据量非常大,需要高效地进行处理和存储。因此,需要进一步研究和开发高性能的区块链技术,以满足大规模数字化建设的需求。

区块链技术的标准化和统一也是一个亟待解决的问题。目前,由于不同的机构和团体在区块链技术的研发和应用中存在着各自的标准和规范,导致不同的区块链系统之间的互操作性较差。这对于大运河文化公园的数字化建设来说,意味着不同系统间的数据共享和协同工作将变得困难。因此,需要加强区块链技术的标准化工作,实现不同系统之间的无缝连接和数据的高效流动。

区块链技术的安全性和隐私保护也是技术成熟度问题的重要方面。虽然区块链技术被认为是一种安全可靠的技术,但是仍然存在着一些隐私保护的问题。大运河文化公园作为一个重要的文化遗产保护和数字化建设项目,其中涉及的

数据和个人信息非常敏感。因此,需要进一步研究和开发更加安全的区块链技术,以确保数字化建设过程中的数据安全和隐私保护。

需要解决区块链技术的性能问题,加强标准化和统一工作,以及提升安全性和隐私保护水平,从而推动大运河文化公园数字化建设的顺利进行。只有经过不断的努力和创新,区块链技术才能更好地应用于大运河文化公园的数字化建设中,为文化遗产保护和传承提供更加可靠和高效的解决方案。

(二)用户接受度问题

虽然区块链技术有着许多优势,如去中心化、数据安全性和透明性等,但是其复杂性和新颖性也给用户带来了一定的困惑和不便。

区块链技术需要用户具备一定的技术理解和操作能力。相较于传统的中心化系统,区块链涉及分布式账本、密码学等复杂的概念和技术,对普通用户来说可能难以理解和应用。用户需要具备一定的计算机知识和技能,才能够参与到区块链系统中进行交易和管理。对大运河文化公园数字化建设来说,用户接受度问题就体现在用户是否具备使用区块链技术进行文化遗产保护和数字资产交易的能力。

用户的隐私和安全问题也是用户接受度的一个重要考量因素。区块链技术的核心特点之一是数据的透明性,所有的交易记录都会被公开保存在区块链上,这可能引发一些用户的担忧。特别是在文化公园数字化建设中,用户可能不希望个人信息被公开显示,因此,在运用区块链技术进行数字化建设时,必须采取相应的隐私保护措施,保证用户的个人信息安全,并提高用户对区块链技术的接受度。

用户对于新技术的接受度也受习惯与信任的影响。对大运河文化公园数字化建设这样的项目来说,用户可能已经习惯使用传统的票务系统、导览设备等,而区块链技术的引入可能会对用户的习惯产生一定程度的冲击。此时,提高用户对于区块链技术的接受度需要用户增强对于新技术的信任。

第二节　虚拟现实技术在大运河文化公园数字化建设中的应用

一、虚拟现实技术概述

(一)定义与特性

虚拟现实技术被广泛定义为一种能够模拟或创造出与现实环境相似的虚拟场景的技术。利用计算机生成的模拟环境,用户能够在其内部进行交互,并有身临其境的感觉。虚拟现实技术主要通过虚拟现实头盔、手柄、传感器等设备来实现,将用户完全沉浸在一个数字化的虚拟世界中。

虚拟现实技术的特性主要可以概括为以下几个方面。首先,虚拟现实技术具有沉浸性,使用户的感官能够完全投入虚拟环境中,从而产生一种身临其境的感觉。它通过模拟真实世界的各个方面,包括视觉、听觉、触觉等来提供一种逼真的体验。其次,虚拟现实技术具有交互性,用户能够通过手柄、传感器等设备与虚拟环境进行互动,实现自由探索、操作和体验。最后,虚拟现实技术还具有全身性,用户可以通过头部追踪、手部追踪等方式使其整个身体都参与到虚拟环境中,增加了沉浸感和真实感。

(二)类型与设备

在虚拟现实技术中,主要有三种类型的设备被广泛使用。

一是头戴式显示设备,也称为头戴式显示器或 VR(虚拟现实)头盔。这种设备通过佩戴在头部的显示器,将虚拟现实场景实时投射到用户的视野中,使用户完全沉浸在虚拟的环境中。头戴式显示设备的优势在于能够提供更加逼真、沉浸式的虚拟现实体验。

二是手持式控制器,也称为 VR 手柄。这种设备可以被用来进行虚拟环境中的交互操作,例如操作虚拟物体、控制虚拟角色的移动等。手持式控制器通常具有传感器和按钮等功能,能够实时感知用户的手势和动作,从而实现更加自由、直观的交互体验。

三是全身追踪设备,也称为身体感应设备。这种设备通过用户穿戴传感器装置,可以实时跟踪其身体动作,并将这些身体动作转化为虚拟环境中的相应动作。全身追踪设备的使用使用户能够与虚拟环境进行互动,增强了虚拟现实体验的真实感和沉浸感。

(三)应用领域

虚拟现实技术在教育领域中应用广泛。通过虚拟现实技术,学生可以身临其境地参与到教学中,提升了学习的趣味性和学生的参与度。例如,在生物学课堂上,学生可以通过虚拟现实技术观察细胞的结构与功能,并进行人体解剖等操作,增强了对知识的理解和记忆。

虚拟现实技术在医疗领域的应用也备受瞩目。利用虚拟现实技术,医生可以进行虚拟手术训练,提高手术技能,并减少手术风险。此外,虚拟现实技术还可以用于康复治疗,在物理治疗、康复训练等方面发挥重要作用。患者可以通过模拟环境进行康复训练,在安全的虚拟场景中恢复身体功能。

虚拟现实技术在工业领域的应用也日益广泛。通过虚拟现实技术,工程师可以在虚拟环境中进行产品设计和工艺研究,减少了实际试验的成本和风险。同时,虚拟现实技术可以用于培训工人,使其提高工作效率和工作质量。

虚拟现实技术在旅游、艺术、文化等领域也有着独特的应用。游客可以通过虚拟现实技术游览名胜古迹,体验世界各地的文化和风景。艺术家可以通过虚拟现实技术创作出沉浸式的艺术作品,使观众身临其境地欣赏。

虚拟现实技术的应用也面临一些挑战。受到技术成熟度和硬件设备的限制,虚拟现实技术的发展仍需要更大的投资和更多的研发。此外,人们对于虚拟现实技术的接受程度和使用习惯也需要时间来逐渐培养和改变。虚拟现实技术所引发的伦理、法律、隐私等问题也需要进一步研究和解决。

二、虚拟现实技术在大运河文化公园数字化建设中的具体应用

(一)虚拟导览系统

虚拟导览系统通过三维模拟技术将大运河的全景图像以及各个景点的实景图像进行数字化处理,使游客能够在虚拟环境中逼真地感受到大运河的壮丽景色。游客可以通过操纵设备或者身体感应技术,自由地切换、缩放和旋转视角,从不同的角度观察景观,感受到身临其境的效果。

虚拟导览系统通过智能导航功能,为游客提供准确、便捷的导览服务。游客可以根据自己的兴趣和需求选择导览模式,系统会根据游客的位置,实时为其提供导航指引,并结合语音提示和视觉效果,引导游客前往目的地。这种智能导航功能极大地提高了游客的体验效果,减少了游客在公园中迷路的可能性。

虚拟导览系统提供了丰富的互动体验功能。游客可以在虚拟环境中进行互动操作,与虚拟场景中的人物、动物或物体进行互动,如参与虚拟船行、钓鱼、划船等活动,增强参与感和娱乐性。同时,系统还提供了相关的知识科普和教育内容,使游客在参观过程中能够更加深入地了解大运河文化的内涵和历史。

虚拟导览系统的应用也面临一些挑战。一是技术挑战,包括如何取得高质量的视觉效果、拥有流畅的交互体验以及实现精确的位置识别等问题。二是内容挑战:如何根据游客需求开发丰富、多样的虚拟导览内容,以及如何及时更新和维护这些内容。三是考虑设备成本、系统稳定性和安全性等因素,以确保虚拟导览系统在大运河文化公园中的长期稳定运行。

虚拟导览系统作为虚拟现实技术,是大运河文化公园数字化建设中的一项具体应用,具有丰富的功能和强大的体验效果。通过三维模拟技术和智能导航功能,游客能够在虚拟环境中身临其境地感受大运河的壮丽景色,并通过互动体验和知识科普进一步了解其历史文化内涵。然而,虚拟导览系统仍然面临一些技术、内容和操作等方面的挑战,需要不断改进和完善,以提升游客的体验效果

和满意度。

(二)虚拟互动体验

虚拟互动体验作为虚拟现实技术是大运河文化公园数字化建设中的重要应用之一,为游客提供了一种全新的沉浸式体验。使用虚拟现实设备,游客可以身临其境地感受到大运河的壮丽景色和悠久历史,同时可以参与到交互式的体验中。

在虚拟互动体验中,游客可以通过虚拟现实眼镜或头戴式显示器来观看大运河的实景影像。这些影像可以是事先录制好的,也可以是通过实时拍摄传输的。在影像中,游客可以看到河流的波光粼粼、两岸的古老建筑和文化景点。这样的沉浸式体验使游客感觉仿佛置身于大运河的真实环境中,增加了观光的趣味性和吸引力。

虚拟互动体验大大拓展了游客与大运河之间的互动方式。通过使用虚拟现实设备,游客可以通过手势控制、语音指令或其他交互方式与虚拟环境中的元素进行互动。例如,游客可以通过手势模拟划船的动作来体验划船的乐趣,或者通过声音指令与虚拟导游进行对话,了解河流的历史和文化背景。这种互动式的体验使游客能够更好地参与到游览中,提升了参与度和参观的深度,同时也增加了与大运河之间的情感联结。

虚拟互动体验为游客提供了参与式的文化展示和娱乐活动。通过虚拟现实技术,游客可以参与到角色扮演、历史重演等活动中,身临其境地感受大运河的历史风貌。例如,在虚拟互动体验中,游客可以扮演古代船家,体验划船的技巧和挑战,亲身感受当时的辛劳和艰难。这种参与式的活动,既提升了游客对大运河的了解和认识,也增加了游客的参与感和乐趣。

虚拟互动体验也面临着一些挑战。首先是技术方面的挑战,包括设备的成本和维护、软件的开发和更新等。虚拟互动体验也需要考虑游客的安全和舒适感,避免因长时间佩戴虚拟现实设备而带来不适。如何将虚拟互动体验与大运河文化公园的整体规划和展示进行有效结合,也是一个需要认真思考和解决的问题。

(三)数字化展示与再现

数字化展示与再现通过多媒体技术,将大运河的相关文化资源进行数字化处理。例如,利用高清影像技术,可以将大运河沿线的景点、人文景观、水上运输等内容进行拍摄、记录和存储,构建一个丰富的数字化资源库。这样,游客可以在虚拟现实环境中随时随地通过观看影像、浏览图片等方式,了解大运河的历史沿革、衍变过程以及重要节点。

数字化展示与再现还可以通过三维建模技术还原大运河的历史景观。通过对历史遗迹、古建筑等进行全面测绘和建模,可以呈现出逼真的虚拟环境。游客可以在虚拟现实中身临其境地参观古代码头、运河上的船只、水闸等,感受到大运河活力四射的历史场景。

数字化展示与再现可以通过交互性体验,增强游客的参与感和互动性。例如,游客可以通过触摸屏、手势识别等交互设备,自主选择需要了解的内容,进行互动操作。在虚拟现实环境中,游客可以亲身体验船只的驾驶、过水闸的感觉,还可以与历史人物进行对话交流,增加了参与度和娱乐性。

数字化展示与再现在应用过程中也存在一些挑战。一是技术难题,要创设逼真的虚拟环境,需要高精度的建模和渲染技术,同时还要考虑游客的实时互动需求。二是成本问题,数字化展示与再现需要投入大量资金和人力,涉及设备采购、软件开发、维护更新等方面。三是用户接受度,不同年龄、群体的游客对于虚拟现实技术的接受程度不同,因此需要针对不同人群的需求进行设计和调整。

三、虚拟现实技术在大运河文化公园数字化建设中的优势

(一)提高观众参与度

虚拟现实技术能够展示真实感十足的虚拟场景,给观众带来身临其境的感觉。观众可以通过佩戴 VR 头盔或使用其他虚拟现实设备,进入公园的虚拟世

界中,与历史人物互动,参与历史事件等。这种身临其境的体验,不仅使观众感受到了真实的存在感,而且激发了他们对文化公园的浓厚兴趣。

虚拟现实技术提供了多样化的互动方式,使观众可以自主选择参与的内容。观众可以根据自己的兴趣和需求,在虚拟世界中进行导览、探索等活动。例如,他们可以选择访问不同的历史场景、参与不同的文化活动,甚至可以与其他观众进行虚拟交流和合作。这种互动性的设计,让观众感到自己发挥了主动性和创造性,增强了他们对文化公园的归属感。

虚拟现实技术还可以为观众提供个性化的服务和体验。通过收集观众的个人信息和偏好,文化公园可以根据观众的需求,推送相关的信息、活动、展览等内容。观众可以根据自己的兴趣选择参观,获得更加专属的体验。虚拟现实技术的个性化服务,不仅能够满足观众的多样化需求,而且能够提高观众的满意度和忠诚度。

(二)提升文化传播效率

虚拟现实技术为大运河文化公园的文化传播提供了全新的方式和载体。传统的文化传播方式往往通过文字、图片等有限的媒介来展现,而虚拟现实技术能够打破这种限制,将观众置身于一个沉浸式的环境中。通过虚拟现实技术,观众可以亲身体验大运河的历史、文化,加深对文化内涵的理解和记忆。

虚拟现实技术可以将文化传播过程变得更加生动有趣。在传统的文化展示中,观众通常只能通过文字、图片等平面信息来了解文化。而虚拟现实技术可以将文化元素以视听、动态的形式展现出来,使观众更加身临其境地感受到文化的独特魅力。例如,在大运河文化公园的虚拟现实展示中,观众可以通过穿越时空的方式参与到历史场景中,与历史人物进行互动,加深对文化背后故事的理解和感受。

虚拟现实技术的互动性可以促进观众与文化的互动,提升传播效果。观众在虚拟现实技术的引导下,可以自由选择参观的路线、内容,对文化进行探索。观众可以通过虚拟现实技术的支持,了解背后的文化内涵,提出问题,提出观点,与其他观众进行交流和讨论,从而激发出更多的创造力。

虚拟现实技术还可以实现时间和空间的跨越。通过虚拟现实技术,大运河文化公园的数字化建设可以将观众带入不同的时空背景中,让观众在体验文化的同时,也拥有穿越时空的感受。观众可以在短时间内亲身体验多个历史时期的文化风貌,获取多样化的文化信息,这可以进一步提升文化传播的效率和覆盖范围。

虚拟现实技术在大运河文化公园数字化建设中的应用,极大地提升了文化传播的效率。通过打破传统的传播方式,提供全新的观赏方式,使观众能够深度参与文化,加深对文化内涵的理解和记忆。虚拟现实技术的生动有趣性、互动性和时间空间跨越性的特点,进一步提升了观众的参与度和对文化的关注度。

(三)提供丰富的视觉体验

虚拟现实技术可以通过三维模拟将游客带入不同的历史场景中。通过佩戴虚拟现实设备,游客可以亲眼看见大运河文化公园的历史景观,如古代运河码头、运河商贸市场等。这种沉浸式的体验使游客好像穿越了时空,与历史人物面对面,深入了解运河文化的渊源和发展过程。

虚拟现实技术可以通过增强现实的手段,将现实世界与虚拟信息相结合,营造出更加丰富多样的景观体验。例如,在公园的特定区域,游客可以通过虚拟现实设备看到传统船只的模拟驾驶,感受船只行驶的真实感。通过虚拟现实技术还可以呈现出各种历史场景,游客可以感受到当时的生活氛围和文化底蕴。

虚拟现实技术可以为游客提供交互式的体验。在公园内设置互动展厅,游客可以通过手势、声音等方式与虚拟场景进行互动。他们可以自由地与历史人物对话,参与古代运河商贸的模拟交易等,这增强了游客的参与感。

虚拟现实技术在大运河文化公园数字化建设中的应用,为游客提供了丰富多样的视觉体验。通过沉浸式的三维模拟、增强现实的手段以及交互式的体验,游客可以更加真实地了解和体验大运河文化的魅力,进一步增加对公园的参与度和满意度。然而,虚拟现实技术的应用也面临一些挑战,如设备成本高昂、维护困难等。因此,在数字化建设中要充分考虑技术成本、用户需求和管理维护等方面的因素,以确保虚拟现实技术的应用能够持续发挥其优势。

四、虚拟现实技术在大运河文化公园数字化建设中的挑战

(一)技术难题与瓶颈

在大运河文化公园数字化建设中,虚拟现实技术面临着一些技术难题和瓶颈。在硬件设备方面,虚拟现实设备的成本较高,对于大运河文化公园这样的大规模项目来说,需要投入大量的资金来购买设备和维护设备的运行。此外,虚拟现实设备的体积较大,需要占用一定的空间,而大运河文化公园的场地资源有限,需要合理安排设备的布局。

软件开发方面也存在一些挑战。虚拟现实技术需要定制开发相应的软件和应用程序,以实现用户与虚拟环境的交互。虚拟现实技术的软件开发需要深入研究和掌握相关领域的知识,并融合多学科的专业技术,包括计算机图形学、人机交互、人工智能等。由于虚拟现实技术的高度复杂性,软件开发过程中可能会遇到技术难题,如图像渲染、虚拟场景构建、物理模拟等,这需要技术团队具备深厚的技术实力和专业知识。

用户体验方面是一个重要的考虑因素。虚拟现实技术的成功应用离不开用户的积极参与和体验,而大运河文化公园的游客群体处于不同年龄层次,拥有不同文化背景,他们对虚拟现实技术的接受度和体验可能存在差异。因此,虚拟现实技术的应用需要在用户体验方面做好设计和优化,提供符合不同用户需求和喜好的虚拟场景和互动方式。

虚拟现实技术的应用还需要考虑法规与政策的约束。虚拟现实技术的应用场景多样,但在一些特定领域,如教育、医疗等,需要遵守相关的法规和政策。大运河文化公园数字化建设需要与相关部门进行合作,确保虚拟现实技术的应用符合法规和政策的要求,保障用户的权益和安全。

虚拟现实技术在大运河文化公园数字化建设中面临着技术难题与瓶颈。为了克服这些挑战,需要投入大量的资源和精力进行研发和创新,同时与相关领域

的专业人士进行合作和交流,共同推动虚拟现实技术的发展和应用,在大运河文化公园的数字化建设中取得更好的成果。

(二)项目投资与经济效益

在大运河文化公园的数字化建设中,虚拟现实技术作为一项重要的应用,其项目投资和经济效益备受关注。虚拟现实技术的引入必然需要大量的资金投入。由于技术的日新月异和市场的不确定性,虚拟现实项目的投资具有一定的风险性。投资者需要考虑技术设备的采购与更新、人才的培养与招聘以及场馆的建设与维护等方面的费用。因此,项目投资的决策需要综合考虑技术的成熟度、市场需求以及投资回报率等因素。

虚拟现实技术在大运河文化公园数字化建设中带来的经济效益是不可忽视的。虚拟现实技术的应用,可以为游客提供更加丰富多样的体验,增强其参观的乐趣。这不仅有助于增加游客的流量,还可以提升游客的满意度和黏性,进而带来更多的消费。虚拟现实技术还可以吸引更多的合作伙伴和赞助商参与,推动商业合作与文化创意产业的发展。通过数字化建设与虚拟现实技术的有机结合,大运河文化公园可以打造出更具竞争力的旅游品牌,提升地区经济的发展水平。

虚拟现实技术在项目投资与经济效益方面也面临一些挑战。由于虚拟现实技术成本高昂和投资回报周期较长,一些投资者在考虑投入时可能存在犹豫和谨慎的态度。虽然虚拟现实技术在吸引力和提升游客体验方面具有优势,但是其商业化模式和营利方式尚不完善,且行业标准和规范亟待制定和完善。虚拟现实技术本身还存在一定的技术门槛与限制,需要专业人才的支持与协助。

(三)用户体验与接受度

虚拟现实技术的成功应用依赖于用户对其体验的满意程度,以及用户是否能够接受并乐意使用这项技术。因此,在推广和应用虚拟现实技术的过程中,需要重点关注用户体验和接受度,以确保技术的有效使用和普及。

用户体验方面的考量是极其重要的。虚拟现实技术的核心优势之一是其能够提供身临其境的感觉，使用户能够沉浸其中，与虚拟环境进行互动。如果用户在使用虚拟现实技术时，遭遇到不适宜或不流畅的用户体验，就会影响他们的使用体验和满意度。因此，需要确保技术的稳定性和流畅性，减少延迟和卡顿问题，以提供良好的用户体验。

虚拟现实技术的接受度是一个关键问题。尽管虚拟现实技术在近年来有了长足的发展，但对于一部分用户来说，仍存在着对新技术的陌生感和抵触情绪。因此，需要积极开展推广和宣传工作，提高用户对虚拟现实技术的了解和认知。还需要提供便捷的使用方式和友好的用户界面，降低使用门槛，提升用户的接受度。

虚拟现实技术在大运河文化公园数字化建设中还面临着一些技术限制和挑战。例如，设备成本较高，设备和系统不兼容，以及对用户视觉和感官系统造成负担等。这些问题需要技术开发者、设备制造商等合作共同解决，从而提升用户体验和接受度。

还应该注重技术的稳定性和流畅性，积极开展推广和宣传工作，提高用户对虚拟现实技术的认知和接受度。与相关技术开发者和制造商合作，克服技术限制和挑战，以确保用户能够获得满意的虚拟现实体验。

第三节　混合现实技术在大运河文化公园数字化建设中的应用

一、混合现实技术概述

(一)定义

混合现实技术是一种将虚拟现实与现实世界相融合的技术，它通过计算机生成的虚拟元素与真实世界进行交互，从而创造出一种全新的互动体验。

(二)技术组成要素

1. 感知技术

通过各种感知设备,如传感器、摄像头和激光雷达等,混合现实系统能够实时地捕捉和识别周围环境的信息。这些感知技术能够获取用户的位置、运动轨迹、手势动作及周围物体的位置和属性等关键数据,为混合现实场景的构建和交互提供了必要的信息支持。

2. 视觉显示技术

混合现实系统通过头戴式显示器、透明显示屏、投影设备等实现信息的展示和叠加。借助先进的光学技术和图像处理算法,混合现实系统能够将虚拟的图像与真实的场景实时叠加,使用户能够在现实世界中看到虚拟的对象和信息,实现沉浸式的交互体验。

3. 定位与追踪技术

通过各种定位技术,如全球定位系统、室内定位系统和惯性导航系统等,混合现实系统能够准确地确定用户在现实世界中的位置和姿态,从而实现与虚拟内容的精准对齐和交互。追踪技术也能够实时地跟踪用户的运动和手势动作,为用户提供更加自然和智能的交互方式。

(三)实现原理与技术特点

不同于传统的虚拟现实技术,混合现实技术通过将虚拟世界与现实世界相互叠加,实现了真实与虚拟的无缝融合。这种融合是通过感知、计算和交互等技术手段实现的。

混合现实技术依靠感知技术来获取现实世界的信息。通过传感器、摄像头等设备,系统能够获取用户所处环境的空间位置、物体形状等信息。这些信息对于实现虚拟元素的正确叠加至关重要。例如,系统可以通过对环境进行扫描,将三维模型与现实环境相匹配,使虚拟物体能够与真实物体进行交互。

计算技术在混合现实技术中起着至关重要的作用。通过将传感器获取的信息与事先建立的虚拟场景进行匹配,计算机可以计算出虚拟元素在现实世界中的位置、姿态等信息。这样,系统才能够实现准确的虚实叠加。计算技术还能够实现图像识别、物体跟踪等功能,进一步提升用户体验。

交互技术是混合现实技术不可或缺的一部分。通过各种交互方式,用户能够与虚拟元素进行实时互动。例如,用户可以通过手势控制、语音识别等方式来操控虚拟物体,改变其位置、形状等属性。混合现实技术还支持实时的物体碰撞检测和动态阴影等效果,使用户能够更加真实地感受到虚拟元素的存在。

二、混合现实技术在大运河文化公园数字化建设中的具体应用

(一)应用背景与需求

大运河文化公园作为一个具有丰富历史文化内涵的重要文化景点,一直致力于数字化建设,以更好地满足游客的需求和提升游客体验为目标。然而,传统的展示方式已经无法完全满足当代游客对互动、参与式体验的需求。因此,混合现实技术被引入大运河文化公园的数字化建设中,以应对这一挑战。

混合现实技术作为一种融合虚拟世界与现实世界的技术,能够在真实环境中叠加虚拟元素,使用户可以与虚拟内容进行互动。这种技术的引入能够极大地增强游客在文化公园中的参与感和沉浸感,进一步深化游客对历史文化的理解和体验。

大运河文化公园数字化建设采用混合现实技术的背景与需求主要有两个方面。首先,这一技术能够为游客提供更加丰富多样的内容呈现方式,通过虚拟元素的叠加和互动,将历史文化场景再现,从而使游客能够更加直观地了解相关历史知识,增加体验的趣味性和吸引力。其次,传统的展示手段往往存在时间和空间的限制,而混合现实技术可以打破这一限制,将历史文化通过虚拟元素与实际场景相融

合,使游客可以更加灵活地进行观看和互动,提升了游客参观体验的质量。

(二)应用策略与实施步骤

在制定混合现实技术应用策略时,应充分考虑大运河文化公园的特点。可以与公园管理部门密切合作,进行需求调研和用地规划。通过了解游客的兴趣和想法,确定混合现实技术在公园中的应用方向。在策略制定阶段,可以明确要求提供混合现实体验,如历史场景的还原、文化体验的增强等。

人们制定了具体的实施步骤,以确保混合现实技术的有效应用。首先,应该进行设备选型和采购,选择适合公园环境的混合现实设备。其次,可以与技术团队合作,进行系统的开发和定制。通过调试和测试,确保设备和系统的正常运行。再次,可以对公园工作人员进行培训,将混合现实技术的操作和维护流程传授给工作人员。最后,还应安排试运行和调整周期,以便及时解决可能出现的问题。

三、混合现实技术在大运河文化公园数字化建设中的优势与挑战

(一)优势

1. 能够提供沉浸式的体验

使用头戴式显示设备,游客可以沉浸在虚拟和现实世界的结合中。这种体验不仅增强了游客的参与感和互动性,还使他们能够更好地理解文化公园的内涵。

2. 可以提供高度个性化的服务

通过智能化的算法和传感器,系统能够根据游客的个人兴趣和需求,提供定制化的导览服务和互动体验。这种个性化的服务不仅提升了游客的满意度,还提高了文化公园的品牌形象和知名度。

3. 能够促进知识传播和提升教育功能

在大运河文化公园中,通过混合现实技术,游客可以获得更加生动和直观的文化知识。例如,在参观过程中,游客可以通过扫描展品上的二维码,获得与之相关的历史背景、故事和图像。这种互动式的学习方式不仅提高了游客的学习兴趣,还提升了文化公园的教育功能。

4. 能够提升文化公园的参观效率和便捷性

使用混合现实设备,游客可以获得实时的导航和定位功能,方便他们在文化公园中自由浏览和探索。混合现实技术还能够实现实时的多语言翻译功能,帮助国内外游客克服语言障碍,更好地了解和体验文化公园。

(二)挑战

1. 技术挑战

混合现实技术仍然处于相对初级阶段,各种技术手段还在不断探索中。因此,技术的不成熟和不稳定是一大挑战。例如,设备的性能可能受限,交互体验可能不够流畅,应用软件的兼容性和稳定性也存在问题。针对这些挑战,需要投入大量的时间和资源来研究和改进相关技术,以提升混合现实技术在大运河文化公园数字化建设中的实际应用效果。

2. 用户接受度和用户体验的挑战

混合现实技术的应用需要用户主动体验,而用户对于全新的技术通常存在着疑虑和不适应。他们可能对虚拟和现实的融合感到陌生,或者对交互方式和操作方式不够熟悉。因此,需要引导用户逐步了解和接受混合现实技术,提供易于操作和友好的用户界面,优化交互体验,培养用户对混合现实应用的兴趣。

3. 市场推广的挑战

混合现实技术作为一项新兴技术,其市场规模和用户群体都还在不断扩大中。然而,市场上可能存在其他的竞争者,他们也在积极推广各自的技术产品和方案。在这个竞争激烈的环境下,需要在市场推广方面做好充分的准备,进行全面的市场调研和竞争分析,制定适合的市场推广策略,提升混合现实技术在大运河文化公园数字化建设中的竞争力和知名度。

(三)应对挑战的方法

1. 不断推动混合现实技术的发展和创新

技术是解决问题的基础,只有不断地进行技术研发和创新,才能够克服一些技术上的困难。例如,可以进一步提升混合现实技术的图像处理和追踪能力,以提供更加真实和稳定的虚拟体验。

2. 重视用户体验的提升

用户体验好坏是衡量混合现实技术成败的关键因素。为了提供更好的用户体验,可以加强用户研究,了解用户的需求和习惯,从而设计出更加贴近用户心理的界面和交互方式。还可以通过优化设备的舒适度和便携性,降低用户在使用过程中的不适感。

3. 重视内容创作

优质的内容可以吸引用户的注意力,并提升用户体验。因此,需要加大在内容创作方面的投入。这包括在大运河文化公园中创作丰富、有趣、有教育性的虚拟内容,以及鼓励用户参与内容创作。还能借鉴其他领域的创作经验,如游戏、电影等,来提升混合现实技术的内容质量和表现形式。

4.积极开展合作

混合现实技术的推广需要多方的支持和协作。可以与相关行业、科研机构和企业合作,共同推动混合现实技术在大运河文化公园中的应用。还可以进行经验交流,如建立一个混合现实技术应用的交流平台,让各方分享成功的案例和解决方案。

参考文献

[1]张竣程,李艾思,张淼.元宇宙应用:商业赋能与行业升级[M].北京:中国商业出版社,2023.

[2]薄胜,贾康.元宇宙与数字经济[M].北京:企业管理出版社,2023.

[3]王磊.流变之景:艺术史视域中的大运河[M].北京:人民美术出版社,2023.

[4]王斌,刘兴亮.数字中国:元宇宙建设与发展[M].北京:中共中央党校出版社,2023.

[5]姜师立.大运河国家文化公园100问[M].南京:南京出版社,2023.

[6]杨振武.元宇宙革命[M].北京:中国铁道出版社,2022.

[7]裴培,高博文.元宇宙[M].长沙:湖南文艺出版社,2022.

[8]田龙.元宇宙:重构虚拟现实的新生态[M].北京:中国财富出版社有限公司,2022.

[9]李勇.元宇宙文旅数字化发展新机遇[M].石家庄:河北科学技术出版社,2022.

[10]吴亚光,侯涛,蒲鸽.产业元宇宙[M].北京:中译出版社,2022.

[11]叶毓睿,等.元宇宙十大技术[M].北京:中译出版社,2022.

[12]吴丽云,吕莉,赵英英.大运河国家文化公园:保护、管理与利用[M].北京:中国旅游出版社,2022.

[13]杨柳青大运河国家文化公园项目指挥部.运河明珠:杨柳青大运河国家文化公园历史文化采珍[M].天津:天津人民出版社,2021.

[14]田林.大运河遗产保护理论与方法[M].北京:文化艺术出版社,2021.

[15]姜师立.大运河文化的传承与创新[M].南京:江苏凤凰科学技术出版社,2021.